オールカラー

産地別
日本の化石750選

本でみる化石博物館・別館

大八木和久
Kazuhisa Oyagi

モミジソデガイ
苫前町古丹別川 [北海道]

築地書館

本書の手引き

1. 本でみる化石博物館『産地別日本の化石750選』は、できる限り日本産の化石を網羅するために、『産地別日本の化石800選』（以下『800選』）、『産地別日本の化石650選』（以下『650選』）の、いわば別館としてつくられたものです。

初心者はもとより、大学の研究者や博物館の学芸員にも役に立つよう、多彩な情報をつめこんでいますが、厳密な種類の同定を目的としたものではないことをお断りしておきます。何よりも、我が国においても多種多様な化石が産出していることを知っていただくようにとつくられたものです。

2. この別館では、化石の標本ばかりではなく、産地の様子や産出状況、採集風景、クリーニングの様子などを豊富に展示しています。さらに、コラムでも役に立つ情報をたくさん展示しました。

3. 標本は、『650選』の開館以後、12年間にわたって全国を飛び回って収集したものです。また、化石仲間にも声をかけ、珍しい標本や保存の良い標本がある場合は協力をお願いしました。

4. 展示標本の選定にあたっては、すでに『800選』や『650選』で同じ種類が展示されているものもありますが、それ以上に良い標本、産地の違うものなどは重複して展示しました。これは、化石というものは産地が違えば種が違う、時代も違う、形態も違うというのが普通で、その差も見てほしいためです。

何よりもきれいな、完全な標本は特徴が良く出ているため、採集や同定に役立つものです。

5. 展示の配列は前2館の方法を踏襲しています。また、福井県嶺南地方については地理的なことを考慮して、今回も近畿地方に含めました。

また、三重県についても近畿地方に含めました。

6. 化石の名前については、同定用の展示ではないという立場を踏襲し、和名と学名を適宜使い分けています。また、特に必要と感じたものについては、属名・種名をカタカナで表記しました。なお、名前の判明していないものについては、「何々の仲間」、「何科の一種」、「不明種」などと表記しました。種属名が不明な標本も多いですが、産出の事実を第一に考え、名前の付記についてはこだわっていないことをお断りしておきます。

7. 標本の大きさについては、計測のうえ、実数値を表記しました。

よく「×0.8」や「×1/2」などと表記されることがありますが、それでは瞬時に大きさがわからないためです。

8. 展示の最後には「全国の主な化石産地・産出化石」を掲示しました。平成の大合併以後、化石の産地についても表記が大きく変わり、新しい住所表示で掲載しています。ただ、産地については、今では産地自体が消滅していたりして、何の意味も持たない場合がありますので、重要な産出地を選定して掲示しました。『800選』と『650選』の「全国の主な化石産地・産出化石」をあわせて利用していただければより良いと思っています。

さらに、採集、クリーニング、整理、写真撮影の方法についても、新たな手法で展示していますのでご利用ください。

目次

本書の手引き ……………………………………………………………… 2

☐ 北海道 ………………………………………………………………… 4
☐ 東北 …………………………………………………………………… 67
☐ 関東 …………………………………………………………………… 88
☐ 中部・北陸 …………………………………………………………… 98
☐ 近畿 …………………………………………………………………… 173
☐ 中国・四国 …………………………………………………………… 218
☐ 九州 …………………………………………………………………… 225

【コラム】
・大型アンモナイトを採集する ……………………………………… 34
・ニッポニテスをクリーニングする ………………………………… 52
・蟻酸を使って獣骨を出す …………………………………………… 63
・奇跡の再会，鬼丸のストラパロルス ……………………………… 72
・青海の化石と群雲石 ………………………………………………… 104
・青海のムールロニア ………………………………………………… 115
・根尾のオウムガイと菊花石 ………………………………………… 126
・金生山の化石と青木標本 …………………………………………… 134
・ロッククライミングで化石を採集する …………………………… 145
・時空を超えた貝合わせ ……………………………………………… 149
・権現谷で三葉虫を探す ……………………………………………… 175
・三葉虫を塩酸で抽出する …………………………………………… 177
・高浜のオウムガイ …………………………………………………… 191

付録
1 化石採集の方法 ……………………………………………………… 238
2 化石のクリーニング方法 …………………………………………… 244
3 化石標本の整理方法 ………………………………………………… 251
4 化石標本の撮影方法 ………………………………………………… 254
5 化石採集の装備一覧表 ……………………………………………… 257
6 全国の主な化石産地・産出化石 …………………………………… 258
7 化石訓 ………………………………………………………………… 264
8 化石の分類別索引 …………………………………………………… 265

あとがき …………………………………………………………………… 270

北海道

産地	地質時代
中生代	
① 北海道稚内市東浦	白亜紀
② 北海道宗谷郡猿払村上猿払	白亜紀
③ 北海道中川郡中川町ワッカウエンベツ川	白亜紀
④ 北海道天塩郡遠別町ルベシ沢, ウッツ川	白亜紀
⑤ 北海道苫前郡羽幌町羽幌川	白亜紀
⑥ 北海道苫前郡苫前町古丹別川	白亜紀
⑦ 北海道留萌郡小平町小平蘂川	白亜紀
⑧ 北海道夕張市夕張川	白亜紀

産地	地質時代
⑨ 北海道芦別市幌子芦別川	白亜紀
新生代	
⑩ 北海道苫前郡羽幌町曙	第三紀中新世
⑪ 北海道滝川市空知川	第三紀鮮新世
⑫ 北海道石狩郡当別町青山中央	第三紀中新世
⑬ 北海道奥尻郡奥尻町宮津	第三紀中新世
⑭ 北海道岩見沢市栗沢町美流渡	第三紀中新世
⑮ 北海道樺戸郡月形町知来乙	第三紀中新世
⑯ 北海道北斗市三好細小股沢川	第四紀更新世

稚内の化石

北海道 中生代

稚内市東浦海岸の様子だ。海岸の崖は南北3kmほど続いていて、崖の中にたくさんのノジュールが入っている。天気が荒れた後に行くと収穫は大きい。ただ、少し分離が悪いのが難点だ。

■ユーパキディスカス（右の標本）

分類：軟体動物頭足類	
時代：白亜紀	産地：北海道稚内市東浦海岸
サイズ：長径38cm	母岩：泥質ノジュール

◎圧力で少しつぶされていたが、大きくて立派な標本だ。

海岸を歩いていると、前方の岩の中に大きくて丸いものが見えた。それは大きなアンモナイトだった。ノジュールばかりを探していると案外気づかないものだ。

■アンモナイト群集
分類：軟体動物頭足類	時代：白亜紀	産地：北海道稚内市東浦海岸
サイズ：左右38cm	母岩：泥質ノジュール	

◎ノジュールの中には，たくさんのアンモナイトが入っていた。不思議なことに，ノジュールの外側が硬く，中心に近づくほど柔らかくなっていた。

■大きなダメシテス
分類：軟体動物頭足類		
時代：白亜紀	産地：北海道稚内市東浦海岸	
サイズ：長径11cm	母岩：泥質ノジュール	

◎ダメシテスの通常サイズはせいぜい数cmだから，この標本がいかに大きいかがわかる。

■異常巻きアンモナイト（不明種）
分類：軟体動物頭足類		
時代：白亜紀	産地：北海道稚内市東浦海岸	
サイズ：長径10cm	母岩：泥質ノジュール	

◎ディディモセラスか？　東浦からもいくつかの異常巻きアンモナイトが産出しているようだ。

■ポリプチコセラス
分類：軟体動物頭足類
時代：白亜紀
サイズ：長径6cm
産地：北海道稚内市東浦海岸
母岩：泥質ノジュール
◎東浦ではポリプチコセラスの産出は珍しい。完全なら長径10cmはあったろう。

■プラバムシウム（ワタゾコツキヒ）
分類：軟体動物斧足類
時代：白亜紀
サイズ：高さ2.3cm
産地：北海道稚内市東浦海岸
母岩：泥質ノジュール
◎東浦からはたくさんのワタゾコツキヒが産出する。保存も良好だ。殻の内側に縦肋があるのが特徴。

■ウニ
分類：棘皮動物ウニ類
時代：白亜紀
サイズ：長径4cm
産地：北海道稚内市東浦海岸
母岩：泥質ノジュール
◎ノジュール中のウニ化石はほとんど分離しないが、ノジュールの表面がうまく風化しているときれいに残る。

■ナンヨウスギ（アラウカリア）の茎
分類：裸子植物毬果類
時代：白亜紀
サイズ：長さ4.5cm
産地：北海道稚内市東浦海岸
母岩：泥質ノジュール
◎意外と多い化石である。ただ、断面が出ると気がつかない場合が多い。

北海道　中生代

上猿払の化石

■ゴードリセラス
分類：軟体動物頭足類
時代：白亜紀　産地：北海道宗谷郡猿払村上猿払
サイズ：長径 7.2cm　母岩：泥質ノジュール
◎めったに産出しないアンモナイト。たまに産出してもこのように圧力でつぶれている。

■ゴードリセラス
分類：軟体動物頭足類
時代：白亜紀　産地：北海道宗谷郡猿払村上猿払
サイズ：長径 1.8cm　母岩：泥質ノジュール
◎小さいと保存が良いのはどこの産地でも同じだ。

■ネオフィロセラス
分類：軟体動物頭足類
時代：白亜紀　産地：北海道宗谷郡猿払村上猿払
サイズ：長径 1.6cm　母岩：泥質ノジュール
◎上猿払では数種類のアンモナイトが産出している。

■巻貝の一種
分類：軟体動物腹足類
時代：白亜紀　産地：北海道宗谷郡猿払村上猿払
サイズ：高さ 1.9cm　母岩：泥質ノジュール
◎スイショウガイ科の巻貝。

■キララガイ
分類：軟体動物斧足類	
時代：白亜紀	産地：北海道宗谷郡猿払村上猿払
サイズ：幅1.7㎝	母岩：泥質ノジュール

◎普通種の二枚貝。学名はアシラ。

■テレブラチュラ類（腕足類）
分類：腕足動物有関節類	
時代：白亜紀	産地：北海道宗谷郡猿払村上猿払
サイズ：高さ1㎝	母岩：泥質ノジュール

◎腕足類は小さな種類が産出する。

■多様なキダリスの棘
分類：棘皮動物ウニ類	
産地：北海道宗谷郡猿払村上猿払	時代：白亜紀
	母岩：泥質ノジュール

◎ほとんど知られていない産地だが、上猿払からはきわめて珍しい白亜紀のキダリスが多産し、ノジュール中に密集して産出する。その他にも、アンモナイトや巻貝、二枚貝、魚類、腕足類、サンゴ、植物と種類は多彩だ。ただし、ノジュールの量は少ない。特一級標本。

■サイズ：長さ3㎝
◎フラスコのような形をしている。

■サイズ：長さ3㎝
◎楽器のマラカスのような形をしている。

■サイズ：長さ4㎝
◎棒状をしている。

■サイズ：長さ3.5㎝
◎こん棒のような形をし、先端にしわがある。

北海道 中生代

■サイズ：3個とも長さ3.5cm程度
◎多様な形のキダリスの棘。

■魚類の脊椎と鱗
分類：脊椎動物硬骨魚類
時代：白亜紀
産地：北海道宗谷郡猿払村上猿払
サイズ：長さ0.7cm、径0.6cm、鱗の幅0.6cm
母岩：泥質ノジュール

◎上猿払からは魚の化石が多く産出する。

■六射サンゴ
分類：腔腸動物六射サンゴ類	
時代：白亜紀	産地：北海道宗谷郡猿払村上猿払
サイズ：高さ1.2cm	母岩：泥質ノジュール

◎円錐形の単体サンゴがときおり産出する。

■毬果
分類：裸子植物毬果類	
時代：白亜紀	産地：北海道宗谷郡猿払村上猿払
サイズ：長さ11cm	母岩：泥質ノジュール

◎いわゆる松ぼっくりである。一級標本。

中川の化石

北海道 中生代

■ゴードリセラス・インターメディウム

分類：軟体動物頭足類	時代：白亜紀	産地：北海道中川郡中川町ワッカウエンベツ川化石沢
サイズ：長径25cm	母岩：泥質ノジュール	

◎急激に大きくなる種類で，太い肋が特徴。ワッカを代表するアンモナイトの一つだ。一級標本。

化石沢に入るとすぐに大物が見つかった。これはほぼ完全なインターメディウムだ。化石沢は，インターメディウムとハウエリセラスが多く産出するのが特徴でもある。

北海道 中生代

■ハウエリセラス
分類:軟体動物頭足類
時代:白亜紀
産地:北海道中川郡中川町ワッカウエンベツ川化石沢
サイズ:長径 15cm
母岩:泥質ノジュール
◎今まで採集したハウエリセラスの中でいちばん大きい。

大きなハウエリセラスが見つかったところ。本流の河原で見つけたものだが,化石沢から流れてきたものと思われる。

北海道 中生代

■サハリナイテス（右）
分類：軟体動物頭足類
時代：白亜紀　　産地：北海道天塩郡遠別町清川林道
サイズ：長径 3.5㎝　母岩：泥質ノジュール
◎ゴードリセラスに似るが，細肋が見られないことなどから，サハリナイテスと思われる。
遠別地区の地層ではメタプラセンチセラスの産出が有名だが，他の種類のアンモナイトも意外と多い。

■メナイテス
分類：軟体動物頭足類
時代：白亜紀　　産地：北海道天塩郡遠別町清川林道
サイズ：長径 10㎝　母岩：泥質ノジュール
◎遠別地区特有のメナイテスだ。まるまるとしていて，内部は瑪瑙化しているのでずっしりと重い。
崖を掘っていたら偶然出てきた。住房部にメタプラも入っている。一級標本。

■メナイテス
分類：軟体動物頭足類
時代：白亜紀　　産地：北海道天塩郡遠別町清川林道
サイズ：長径 4.2㎝　母岩：泥質ノジュール
◎棘は母岩にとられて痕跡が残るのみだが，虹色に輝く姿は，メタプラセンチセラスよりも美しい。

■金色のダメシテス
分類：軟体動物頭足類
時代：白亜紀　　産地：北海道天塩郡遠別町清川林道
サイズ：長径 1.5㎝　母岩：木質ノジュール
◎まるで真鍮のような感じの標本だ。一級標本。

北海道 中生代

大崩落地で見つけた大きなノジュール。30kgほどあったため，運び出すのが一苦労だった。中にはたくさんのメタプラセンチセラスが入っていた。このノジュールは植物片が多く，質は泥質のノジュールの中に入っているもののほうが良いようだ。

■メタプラセンチセラスの大群集

分類：軟体動物頭足類	
時代：白亜紀	産地：北海道天塩郡遠別町清川
サイズ：長径40cm	母岩：木質ノジュール

◎30個ほどのメタプラが入っている。

■メタプラセンチセラスの完全体

分類：軟体動物頭足類
時代：白亜紀
産地：北海道天塩郡遠別町清川
サイズ：長径7.8cm
母岩：泥質ノジュール

◎砂泥岩中の泥質ノジュールから産出。これ以上のものはない完全体で，特一級品の標本だ。

北海道 中生代

■メタプラセンチセラスの顎器
分類：軟体動物頭足類	
時代：白亜紀	産地：北海道天塩郡遠別町清川
サイズ：長さ 0.7cm	母岩：泥質ノジュール

◎メタプラのノジュールを割っていると，小さな顎器がときどき出てくる。幅が狭いところから，メタプラの顎器と思われる。

■巻貝（不明種）
分類：軟体動物腹足類	
時代：白亜紀	産地：北海道天塩郡遠別町ルベシ沢
サイズ：高さ 1.9cm	母岩：泥質ノジュール

◎一見してツリリテスのように見えるが，縫合線は見あたらない。

■瑪瑙のツノガイ
分類：軟体動物掘足類	
時代：白亜紀	産地：北海道天塩郡遠別町清川
サイズ：長さ 3.5cm	母岩：泥質ノジュール

◎ツノガイの内型で，瑪瑙に置き換わっている。

■ナンヨウスギ（アラウカリア）の種子
分類：裸子植物毬果類		時代：白亜紀	産地：北海道天塩郡遠別町清川
サイズ：長径 0.3cm		母岩：木質ノジュール	

◎毬果とその中にある種子の化石だ。植えたら芽が出そうなくらい保存状態が良い。一級標本。

北海道 中生代

羽幌の化石

自転車で走ること1時間半、逆川の大露頭に到着すると、早速ノジュールが見つかった。
誰かが先に来たらしく、ノジュールを一カ所にかためてあった。何も入っていないと思って放置したのだろう。確かに、一見すると何も入っていないように見えたが、よく見るとそのうちの一個はオウムガイだった。

■キマトセラス
分類：軟体動物頭足類
時代：白亜紀　　産地：北海道苫前郡羽幌町逆川
サイズ：長径9.5cm　母岩：砂質ノジュール
◎砂質のノジュールから産出。ノジュールの端っこに直線上の縫合線が見えたのでわかった。逆川でオウムガイを採集したのは初めてだ。

■ゴードリセラス
分類：軟体動物頭足類
時代：白亜紀
産地：北海道苫前郡羽幌町逆川
サイズ：長径9cm　　母岩：泥質ノジュール
◎砂岩中の泥質ノジュールから産出。殻口まできれいに保存された一級品の標本だ。

■アナゴードリセラス
分類：軟体動物頭足類
時代：白亜紀
産地：北海道苫前郡羽幌町中二股川清水沢
サイズ：長径13cm　　母岩：泥質ノジュール
◎成長すると肋が粗くなる。

中二股川へは7つのトンネルを越えてゆく。春先，トンネルの中には氷の山が見られる。気温が低く，天井からの水滴が凍りついてできるのだ。トンネルに入ったばかりで，暗さにまだ目が慣れておらず，危うく乗り上げるところだった。

■テキサナイテス

分類：軟体動物頭足類	
時代：白亜紀	産地：北海道苫前郡羽幌町中二股川
サイズ：長径9cm	母岩：泥質ノジュール

◎大きくて美しいテキサナイテスだ。崖下に落ちていた。自転車で往復2時間半，こんなにすごいものが採れるのなら，何度でも行きたい場所だ。特一級標本。

■テキサナイテス

分類：軟体動物頭足類	
時代：白亜紀	産地：北海道苫前郡羽幌町逆川
サイズ：長径4.7cm	母岩：泥質ノジュール

◎とても保存の良い標本だ。金属光沢が美しく，化石とは思えないくらいである。一級標本。

■ネオフィロセラス

分類：軟体動物頭足類	
時代：白亜紀	産地：北海道苫前郡羽幌町逆川
サイズ：長径3.4cm	母岩：泥質ノジュール

◎殻がうまくはがれて，縫合線がとても美しい。

北海道　中生代

北海道 中生代

■虹色に輝くプゾシア
分類：軟体動物頭足類
時代：白亜紀
産地：北海道苫前郡羽幌町逆川
サイズ：長径 6.5cm
母岩：泥質ノジュール
◎金属光沢がきわめて美しい。特一級標本。

■フィロパキセラスの完全体
分類：軟体動物頭足類
時代：白亜紀
産地：北海道苫前郡羽幌町羽幌川
サイズ：長径 5.5cm
母岩：泥質ノジュール
◎巻きのはじめの部分はつるっとしているが，途中から肋が現れる。一級標本。

■縫合線の美しいフィロパキセラス
分類：軟体動物頭足類
時代：白亜紀
産地：北海道苫前郡羽幌町逆川
サイズ：長径 3cm
母岩：泥質ノジュール
◎独特の縫合線が美しい模様をつくる。

■虹色に輝くハウエリセラス
分類：軟体動物頭足類
時代：白亜紀
産地：北海道苫前郡羽幌町逆川
サイズ：長径12cm
母岩：泥質ノジュール
◎少しつぶれているが，虹色に輝く姿は本当に美しい。

北海道 中生代

■ハウエリセラス

分類：軟体動物頭足類	
時代：白亜紀	産地：北海道苫前郡羽幌町逆川
サイズ：長径 3.4cm	母岩：泥質ノジュール

◎砂岩中の泥質ノジュールから産出。小さな標本だが，とても美しい。

■ハウエリセラス

分類：軟体動物頭足類	
時代：白亜紀	産地：北海道苫前郡羽幌町逆川
サイズ：長径 12.5cm	母岩：泥質ノジュール

◎第一大露頭の崖下に落ちていた。

■メナイテス
分類：軟体動物頭足類
時代：白亜紀　　産地：北海道苫前郡羽幌町逆川
サイズ：長径7cm　母岩：泥質ノジュール
◎逆川の河床から産出。水量が少ない時は、岩盤からノジュールがぽこぽこと飛び出ている。

■メナイテス
分類：軟体動物頭足類
時代：白亜紀　　産地：北海道苫前郡羽幌町逆川
サイズ：長径4.5cm　母岩：泥質ノジュール
◎砂岩中の泥質ノジュールから産出。ノジュールを割ったら転がって飛び出してきた。

■空洞のメナイテス
分類：軟体動物頭足類
時代：白亜紀　　産地：北海道苫前郡羽幌町逆川
サイズ：長径8.3cm　母岩：泥質ノジュール
◎内部（気室部）は空洞となっていて、連室細管が見える。

■ゼランディテス
分類：軟体動物頭足類
時代：白亜紀　　産地：北海道苫前郡羽幌町逆川
サイズ：長径4cm　母岩：砂質ノジュール
◎砂質ノジュールから産出。ノジュールは非常に硬い。

北海道 中生代

逆川の大露頭を登る。傾斜は約60度でピラミッドと同じくらいだ。地表が乾燥しているときや濡れているときは難しく、適度にしめっているときだけ登ることができる。壁に張りつくようにすると怖いので、できるだけ体を壁から離すと良い。ノジュールの量は多くないが、きわめて質の良い化石が産出する。写真でもいくつかのノジュールが見える。ちなみに、彦根城の天守閣にある階段も62度と、この崖と同じくらいだ。

■アナパキディスカス
分類	軟体動物頭足類
時代	白亜紀
産地	北海道苫前郡羽幌町逆川
サイズ	長径1.9cm
母岩	泥質ノジュール

◎小さいが特徴がよく出ている。

■ユーパキディスカス
分類	軟体動物頭足類		
時代	白亜紀	産地	北海道苫前郡羽幌町逆川
サイズ	長径40cm	母岩	泥岩

◎ノジュールでなく、直接産出した。しかも崖下にそのまま転がっていた。殻は溶け去り、縫合線がきれいに浮き出ている。菊面石と呼ばれる所以がわかる標本だ。一級標本。

北海道 中生代

■ポリプチコセラスの一種
分類：軟体動物頭足類	時代：白亜紀	産地：北海道苫前郡羽幌町中二股川
サイズ：長径9.5cm	母岩：泥質ノジュール	

◎一風変わった形状をするポリプチコセラスだ。

■サブプチコセラス
分類：軟体動物頭足類	
時代：白亜紀	産地：北海道苫前郡羽幌町中二股川
サイズ：長径10cm	母岩：泥質ノジュール

◎住房部に太い肋が現れる。

■ダメシテス
分類：軟体動物頭足類	
時代：白亜紀	産地：北海道苫前郡羽幌町羽幌川本流
サイズ：長径5.5cm	母岩：泥質ノジュール

◎殻がすべて溶け去り、縫合線がきれいに現れた。

北海道 中生代

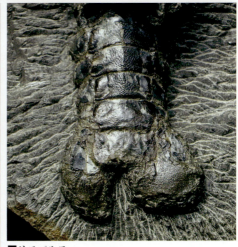

■リヌパルス
分類：節足動物甲殻類
時代：白亜紀
産地：北海道苫前郡羽幌町三毛別川上流
サイズ：長さ17cm　母岩：泥質ノジュール
◎サントニアンのリヌパルスはとても珍しい。今にも動き出しそうな,化石とは思えない標本だ。特一級標本。（守山標本）

北海道 中生代

■ノトポコリステス
分類：節足動物甲殻類	
時代：白亜紀	産地：北海道苫前郡羽幌町中二股川
サイズ：長さ 0.9cm	母岩：泥質ノジュール

◎アサヒガニの仲間。

■カニの一種
分類：節足動物甲殻類	
時代：白亜紀	産地：北海道苫前郡羽幌町中二股川
サイズ：長さ 0.6cm	母岩：泥質ノジュール

◎鬼面ガニに似ている。

■ウミユリ
分類：棘皮動物ウミユリ類	
時代：白亜紀	産地：北海道苫前郡羽幌町逆川
サイズ：長径 0.5cm	母岩：泥質ノジュール

◎ウミユリの茎がバラバラになったもので，きれいに梅の模様が残っている。

■植物の種子（不明種）
分類：被子植物双子葉類	
時代：白亜紀	産地：北海道苫前郡羽幌町清水沢
サイズ：長径 2.7cm	母岩：泥質ノジュール

◎殻が壊れ，薄皮が残っている。

古丹別の化石

北海道 中生代

消滅したバキ崖の産地だ。この崖は苫前町の国道239号線沿いにあり、古丹別川が山にぶつかってできた崖である。国道をつくる際、川の流れを変えたため、このように取り残されたものである。1990年に首長竜の脊椎骨と60cmもあるユーパキディスカスを採集した場所だ。道路から離れていて、必要性を感じない工事だった。税金の無駄遣いのおかげで、今では何も採れなくなってしまった。ポリプチコセラスがたくさん採れた場所でもある。

■ユーパキディスカス
分類：軟体動物頭足類	
時代：白亜紀	
産地：北海道苫前郡苫前町古丹別川本流	
サイズ：長径48cm	母岩：泥質ノジュール

◎一部が崖の中に見えていた。古丹別川をじゃぶじゃぶと歩いてみるとおもしろい。

■アナパキディスカス
分類：軟体動物頭足類	
時代：白亜紀	
産地：北海道苫前郡苫前町古丹別川上の沢	
サイズ：長径45cm	母岩：泥質ノジュール

◎高い崖の中から掘り出したものだ。50kg以上もあり、持てないので上から転がして運んだ。

大型アンモナイトを採集する

大型のアンモナイトは探せば案外見つかるものだ。2007年には，4日間で4つも採集するという快挙も成し遂げている。下の写真は，発見から取り出すまでの行程だ。古丹別川上の沢にて。(2010年5月)

①この模様は大型のアンモナイトに違いない。

②やはりそうだった。縫合線が見えている。

③うーん，まずまずの大きさだ。

④あと一息だ。

⑤取り出し完了。長径35cmのユーパキディスカスだった。

このくぼみはこの2年前（2008年）に採集したアナパキディスカスの跡だ。

これが今回見つけたユーパキディスカスだ。

■大型アンモナイトの顎器

分類：軟体動物頭足類	時代：白亜紀	産地：北海道苫前郡苫前町古丹別川
サイズ：長さ5cm	母岩：泥質ノジュール	

◎砂岩中のノジュールから産出。顎器としては最大級の大きさだ。一級標本。

■コリグノニセラスの仲間

分類：軟体動物頭足類	
時代：白亜紀	
産地：北海道苫前郡苫前町古丹別川	
サイズ：長径10cm	母岩：泥質ノジュール

◎テキサナイテスと同じ、コリグノニセラスの仲間と思われる。あまり見られない種類だ。

■メナイテス

分類：軟体動物頭足類	
時代：白亜紀	
産地：北海道苫前郡苫前町古丹別川幌立沢	
サイズ：長径8.8cm	母岩：泥質ノジュール

◎この産地からはたくさんのメナイテスが産出しており、我々はメナイテスの崖と呼んでいる。

北海道 中生代

■テキサナイテス
分類：軟体動物頭足類
時代：白亜紀
産地：北海道苫前郡苫前町古丹別川
サイズ：長径2.8cm　母岩：泥質ノジュール
◎砂岩中のノジュールから産出。

■テキサナイテス
分類：軟体動物頭足類
時代：白亜紀
産地：北海道苫前郡苫前町古丹別川上の沢
サイズ：長径2.9cm　母岩：泥質ノジュール
◎ハボロセラスとともに，密集して産出した。

■ハボロセラス
分類：軟体動物頭足類
時代：白亜紀
産地：北海道苫前郡苫前町古丹別川上の沢
サイズ：長径2cm　母岩：泥質ノジュール
◎上の沢からはハボロセラスがたくさん産出する。

■ハボロセラス
分類：軟体動物頭足類
時代：白亜紀
産地：北海道苫前郡苫前町古丹別川
サイズ：長径1.2cm　母岩：泥質ノジュール
◎竜骨があり，ヘソのまわりに突起がある。

北海道 中生代

■ローマニセラスの仲間
分類：軟体動物頭足類	時代：白亜紀	産地：北海道苫前郡苫前町古丹別川幌立沢
サイズ：長径23cm	母岩：泥質ノジュール	

◎少し変形しているが，とても大きい。一級標本。

■ニッポニテス・オキシデンタリス
分類：軟体動物頭足類
時代：白亜紀
産地：北海道苫前郡苫前町古丹別川幌立沢
サイズ：長径6cm	母岩：泥質ノジュール

◎くねくねと緩やかに巻いていく。最初のうちの巻き方はスカラリテスと変わらない。（相原標本）

■スカラリテスの完全体
分類：軟体動物頭足類
時代：白亜紀
産地：北海道苫前郡苫前町古丹別川幌立沢
サイズ：長径4.2cm	母岩：泥質ノジュール

◎初期殻から住房までそろったほぼ完全体だ。特一級標本。

北海道 中生代

■ユーボストリコセラス
分類：軟体動物頭足類
時代：白亜紀
産地：北海道苫前郡苫前町古丹別川幌立沢
サイズ：長径2.7cm　母岩：泥質ノジュール
◎ユーボストリコセラスの殻頂部分と思われる。

■マダガスカリテス・リュウ
分類：軟体動物頭足類
時代：白亜紀
産地：北海道苫前郡苫前町古丹別川幌立沢
サイズ：長径2.3cm　母岩：泥質ノジュール
◎リュウの幼殻・完全体だ。初期殻は直線状である。

北海道 中生代

■ハイファントセラス
分類：軟体動物頭足類
時代：白亜紀
産地：北海道苫前郡苫前町古丹別川上の沢
サイズ：長さ7cm　母岩：砂質ノジュール
◎砂質のノジュールからハイファントセラスばかりが密集した状態で産出した。上の沢のノジュールは硬くてクリーニングが大変だ。

■ユーボストリコセラス
分類：軟体動物頭足類
時代：白亜紀
産地：北海道苫前郡苫前町古丹別川幌立沢
サイズ：高さ7.7cm　母岩：泥質ノジュール
◎左巻きのユーボストリコセラス。

■ハイファントセラス
分類：軟体動物頭足類
時代：白亜紀
産地：北海道苫前郡苫前町古丹別川本流
サイズ：長さ11cm　母岩：泥質ノジュール
◎長いハイファントセラスが2本並んで入っていた。（相原標本）

■ユーボストリコセラス・ウーザイ？
分類：軟体動物頭足類
時代：白亜紀
産地：北海道苫前郡苫前町古丹別川幌立沢
サイズ：高さ1.8cm　母岩：泥質ノジュール
◎殻がはがれ、縫合線が見えている。肋の向きに反転がなく、稀産の種類だ。

北海道　中生代

■ティビア・ジャポニカ
分類：軟体動物腹足類
時代：白亜紀
産地：北海道苫前郡苫前町古丹別川幌立沢
サイズ：高さ5cm
母岩：泥質ノジュール
◎ノジュールからうまく分離した。

■モミジソデガイ
分類：軟体動物腹足類
時代：白亜紀　　産地：北海道苫前郡苫前町古丹別川本流
サイズ：高さ12cm　母岩：泥質ノジュール
◎古丹別川本流の河床から産出。ほぼ完全体だ。特一級標本。

■キヌタレガイ
分類：軟体動物斧足類
時代：白亜紀
産地：北海道苫前郡苫前町古丹別川幌立沢
サイズ：長さ3.5cm　母岩：泥質ノジュール
◎白亜紀のキヌタレガイの採集は初めてだ。

■ルシノマ
分類：軟体動物斧足類
時代：白亜紀
産地：北海道苫前郡苫前町古丹別川幌立沢
サイズ：長さ2.5cm　母岩：泥質ノジュール
◎白亜紀のツキガイモドキ。

北海道 中生代

スパイクで崖を登る。崖を登るにはスパイク長靴も便利だが、さらにきつい傾斜では難しい。これは野球用のスパイクである。板状のピンなのでよりグリップが効いて登りやすい。

アンモナイトが転がっていた。
春先，道路の脇に除雪した雪の山がよく見られる。写真の山も泥にまみれた雪の山だが，その裾に丸いものが落ちていた。これは大型アンモナイトである。なぜみんな気がつかないのだろう，丸見えなのに。
古丹別川幌立沢にて。

■金色のアシラ	
分類：軟体動物斧足類	
時代：白亜紀	
産地：北海道苫前郡苫前町古丹別川	
サイズ：長さ 0.6cm	母岩：泥質ノジュール

◎内形印象，黄鉄鉱化していて美しい。

■ナノナビス	
分類：軟体動物斧足類	
時代：白亜紀	
産地：北海道苫前郡苫前町古丹別川幌立沢	
サイズ：長さ 4.6cm	母岩：泥質ノジュール

◎両殻の完全体である。

北海道　中生代

■カニ（不明種）
分類：節足動物甲殻類
時代：白亜紀
産地：北海道苫前郡苫前町古丹別川
サイズ：長さ0.6cm　　　母岩：泥質ノジュール
◎殻の表面に凹凸が多いタイプ。

■カニ（不明種）
分類：節足動物甲殻類
時代：白亜紀
産地：北海道苫前郡苫前町古丹別川幌立沢
サイズ：長さ0.4cm　　　母岩：泥質ノジュール
◎宇宙人の顔のようだ。

■ノトポコリステス
分類：節足動物甲殻類
時代：白亜紀
産地：北海道苫前郡苫前町古丹別川
サイズ：長さ2.3cm　　　母岩：泥質ノジュール
◎アサヒガニの仲間。

■カニ（不明種）
分類：節足動物甲殻類
時代：白亜紀
産地：北海道苫前郡苫前町古丹別川
サイズ：長さ0.9cm　　　母岩：泥質ノジュール
◎縦に長いタイプ。

北海道 中生代

■六射サンゴ（上：底面，下：側面）
分類：腔腸動物六射サンゴ類
時代：白亜紀
産地：北海道苫前郡苫前町古丹別川幌立沢
サイズ：長径1.1cm　母岩：泥質ノジュール
◎適度に風化し，歯ブラシで洗うだけで出てきた。フルイサンゴに似る。

■六射サンゴ
分類：腔腸動物六射サンゴ類
時代：白亜紀
産地：北海道苫前郡苫前町古丹別川
サイズ：長径0.9cm　母岩：泥質ノジュール
◎サンゴが入っていた場所（ポリプ）の雌型だ。

■六射サンゴ
分類：腔腸動物六射サンゴ類
時代：白亜紀
産地：北海道苫前郡苫前町古丹別川
サイズ：高さ1.6cm　母岩：泥質ノジュール
◎砂岩中のノジュールから産出。

■六射サンゴ
分類：腔腸動物六射サンゴ類
時代：白亜紀
産地：北海道苫前郡苫前町古丹別川幌立沢
サイズ：高さ1.2cm　母岩：泥質ノジュール
◎幌立沢からは多種多様なサンゴがたくさん産出する。

古丹別川地区のサメの歯化石。苫前町の古丹別川はとにかくサメの歯化石が多い。北海道全体で52本のサメの歯を採集しているが、このうち20本が古丹別川、17本が羽幌川となっている。また、種類も多い。サメの歯化石は蟻酸処理が有効だ。

■クレトラムナ
分類：脊椎動物軟骨魚類
時代：白亜紀
産地：北海道苫前郡苫前町古丹別川
サイズ：高さ2.8cm　母岩：泥質ノジュール
◎蟻酸で抽出。

■クレトラムナ
分類：脊椎動物軟骨魚類
時代：白亜紀
産地：北海道苫前郡苫前町古丹別川オンコ沢
サイズ：高さ3.4cm　母岩：泥質ノジュール
◎オンコ沢はサメの産出が特に多い。

■ヒボダスの仲間
分類：脊椎動物軟骨魚類
時代：白亜紀
産地：北海道苫前郡苫前町古丹別川
サイズ：幅0.7cm　母岩：泥質ノジュール
◎砂岩中のノジュールから産出。

■ノチダノドン
分類：脊椎動物軟骨魚類
時代：白亜紀
産地：北海道苫前郡苫前町古丹別川幌立沢
サイズ：長さ2cm　母岩：泥質ノジュール
◎ノジュールを割ったら断面にサメの歯らしきものが見えた。いったんくっつけてタガネではつり、最後は蟻酸できれいにした。完璧なクリーニングだ。一級標本。

■昆虫の羽

分類：節足動物昆虫類	時代：白亜紀	産地：北海道苫前郡苫前町古丹別川オンコ沢
サイズ：長さ 0.8cm	母岩：泥質ノジュール	

◎甲虫の前翅と思われる。一級標本。

■昆虫の羽

分類：節足動物昆虫類	時代：白亜紀	産地：北海道苫前郡苫前町古丹別川上の沢
サイズ：長さ 0.8cm	母岩：泥質ノジュール	

◎甲虫の前翅と思われる。一級標本。

北海道 中生代

■イチョウの葉
分類：裸子植物イチョウ類
時代：白亜紀
産地：北海道苫前郡苫前町古丹別川幌立沢
サイズ：長さ5cm　母岩：泥質ノジュール
◎イチョウの葉はときおり見つかる。

■アラウカリア
分類：裸子植物毬果類
時代：白亜紀
産地：北海道苫前郡苫前町古丹別川上の沢
サイズ：長さ5.2cm　母岩：泥質ノジュール
◎大きな毬果（いわゆる「松ぼっくり」）の化石だ。内部に種があるのが見て取れる。

■堅果
分類：被子植物双子葉類
時代：白亜紀
産地：北海道苫前郡苫前町古丹別川幌立沢
サイズ：長さ0.8cm　母岩：泥質ノジュール
◎梅の種のような硬い種だ。

■毬果
分類：裸子植物毬果類
時代：白亜紀
産地：北海道苫前郡苫前町古丹別川上の沢
サイズ：長さ13cm　母岩：泥質ノジュール
◎大きな毬果（いわゆる「松ぼっくり」）の化石だ。

小平の化石

小平町天狗橋上流の崖。コニアシアンの地層が分布していて、独特のアンモナイトが産出する。ただ、地層が硬いのが難点だ。2013年の夏にはオウムガイが産出した。

■ユートレフォセラス？（オウムガイの一種）

分類：軟体動物頭足類	
時代：白亜紀	産地：北海道留萌郡小平町天狗橋上流
サイズ：長径4.5cm	母岩：泥質ノジュール

◎小さなオウムガイだ。

まっすぐで単純な縫合線はオウムガイの特徴だ。

■ユートレフォセラス

分類：軟体動物頭足類	
時代：白亜紀	産地：北海道留萌郡小平町下記念別川
サイズ：長径22cm	母岩：泥質ノジュール

◎大きなアンモナイトだと思って掘り出したら、縫合線の模様が少し違った。大きいと殻の表面にカキがついたりしてあまりきれいとはいえない。一級標本。

北海道 中生代

■トンゴボリセラス？
分類：軟体動物頭足類
時代：白亜紀
産地：北海道留萌郡小平町上記念別川照江の沢
サイズ：長径5cm　母岩：泥質ノジュール
◎あまり見ない種類だ。(相原標本)

■修復痕のあるゴードリセラス
分類：軟体動物頭足類
時代：白亜紀　産地：北海道留萌郡小平町パンケ沢
サイズ：長径3.3cm　母岩：泥質ノジュール
◎肋の模様が一部分違っている。これは壊れた殻を自身で修復した跡と思われる。

■リーサダイテス
分類：軟体動物頭足類
時代：白亜紀　産地：北海道留萌郡小平町上記念別川
サイズ：長径1.7cm　母岩：泥質ノジュール
◎テキサナイテスの仲間だ。

■ユウバリセラス
分類：軟体動物頭足類
時代：白亜紀　産地：北海道留萌郡小平町上記念別川
サイズ：長径15.5cm　母岩：泥岩
◎本流の露頭から直接産出。(相原標本)

■コリグノニセラス
分類：軟体動物頭足類
時代：白亜紀　産地：北海道留萌郡小平町一二三の沢
サイズ：長径1.3cm　母岩：泥質ノジュール
◎テキサナイテスの仲間だ。

■マダガスカリテス・リュウ
分類：軟体動物頭足類
時代：白亜紀　産地：北海道留萌郡小平町下記念別川
サイズ：長径 2.2cm　母岩：泥質ノジュール
◎マダガスカリテス・リュウの完全体。直線状の初期殻がよくわかる。特一級標本。

■ユーボストリコセラス
分類：軟体動物頭足類
時代：白亜紀　産地：北海道留萌郡小平町下記念別川
サイズ：長径 3.5cm　母岩：泥質ノジュール
◎ユーボストリコセラスの先端にあたる部分。この後ぐるぐると螺旋状に巻いてゆく。右巻。

■ユーボストリコセラス群集
分類：軟体動物頭足類
時代：白亜紀　産地：北海道留萌郡小平町下記念別川
サイズ：左右 18cm　母岩：泥質ノジュール
◎1つのノジュールから7個のユーボストリコセラスが出てきた。

■ユーボストリコセラス・ムラモトイ
分類：軟体動物頭足類
時代：白亜紀
産地：北海道留萌郡小平町上記念別川
サイズ：長径 2.5cm
母岩：泥質ノジュール
◎密に巻くタイプだ。肋の反転がある。（葛木標本）

北海道　中生代

北海道 中生代

地層を掘ってノジュールを出す。チューロニアンの地層を掘っているところ。大きな異常巻きノジュールが出てきた。ここからはリュウの完全体やユーボストリコセラス、スカラリテスといった異常巻きがたくさん出る。

プゾシア類はなぜか地層から直接産出することが多い。遠別のメタプラの地層でもそうだったし、古丹別川のオンコ沢でも、そして小平の下記念別川でもそうだ。もちろんノジュール化したものもある。

■スカラリテス
分類：軟体動物頭足類	
時代：白亜紀	産地：北海道留萌郡小平町小平蘂川
サイズ：長径3.9cm	母岩：泥質ノジュール

◎平面に巻く。ユーボストリコセラスとの区別が難しい。

■大型スカフィテス
分類：軟体動物頭足類	
時代：白亜紀	産地：北海道留萌郡小平町上記念別川
サイズ：長径5.6cm	母岩：泥質ノジュール

◎巨大なスカフィテスだ。左下に比較で置いてあるのは通常サイズで2cmだ。特一級標本。

■エゾイテス
分類：軟体動物頭足類	
時代：白亜紀	産地：北海道留萌郡小平町下記念別川
サイズ：長径1.5cm	母岩：泥質ノジュール

◎小さなエゾイテスだ。

■スカラリテス・ミホエンシス
分類：軟体動物頭足類
時代：白亜紀
産地：北海道留萌郡小平町天狗橋上流
サイズ：長径11.5㎝
母岩：泥質ノジュール
◎コニアシアンのスカラリテスだ。

北海道　中生代

■エゾセラス
分類：軟体動物頭足類
時代：白亜紀
産地：北海道留萌郡小平町天狗橋上流
サイズ：高さ8㎝
母岩：泥質ノジュール
◎螺旋状に巻いてゆく。一級標本。

ニッポニテスをクリーニングする

化石仲間の相原君が保存良好なニッポニテスを採集したので，そのクリーニングの様子を紹介しよう。産地は小平町の小平蘂川上流で，転石だそうだ。クリーニングの結果，殻高約 5.5cm のほぼ完全体だった。

①採ったところ。

②割れた面をこの程度まで小さくする。

③次に外形をクリーニングする。

④大きいほうにくっつけて一つにする。

⑤母岩をある程度小さくし，クリーニングをしやすくする。

⑥ほぼ完了。女座りのような格好だ。

生態姿勢──欠けも変形もない完全体である。

横についている「スカラリテス」は急に曲がっているのでニッポニテスの幼殻かもしれない。

■ツノガイ

分類：軟体動物掘足類	
時代：白亜紀	産地：北海道留萌郡小平町下記念別川
サイズ：長さ9.5cm	母岩：泥質ノジュール

◎ツノガイも意外と産出するが、保存の悪いものが多い。

■ウミユリ

分類：棘皮動物ウミユリ類	
時代：白亜紀	産地：北海道留萌郡小平町下記念別川
サイズ：個体の径1cm	母岩：泥質ノジュール

◎五角ウミユリの茎がバラバラになったものだ。

■腕足類の一種

分類：腕足動物有関節類	
時代：白亜紀	産地：北海道留萌郡小平町下記念別川
サイズ：長さ2.9cm	母岩：泥質ノジュール

◎このサイズは大きいほうだ。

■魚鱗

分類：脊椎動物硬骨魚類	
時代：白亜紀	産地：北海道留萌郡小平町小平蘂川
サイズ：長さ0.4cm	母岩：泥質ノジュール

◎小さな鱗だ。

■ノトポコリステス

分類：節足動物甲殻類	
時代：白亜紀	産地：北海道留萌郡小平町一二三の沢
サイズ：長さ2.9cm	母岩：泥質ノジュール

◎アサヒガニの仲間。産出は多い。

北海道 中生代

■クラドフレビス
分類：シダ植物
時代：白亜紀　産地：北海道留萌郡小平町天狗橋上流
サイズ：長さ5cm　母岩：泥質ノジュール
◎白亜紀のノジュールから産出するのは珍しい。

■ナンヨウスギ（アラウカリア）の葉
分類：裸子植物毬果類
時代：白亜紀　産地：北海道留萌郡小平町小平蘂川
サイズ：長さ4.7cm　母岩：泥質ノジュール
◎茎の化石も多いが，葉もときおり産出する。

■コハク
分類：植物樹脂
時代：白亜紀
産地：北海道留萌郡小平町天狗橋上流
サイズ：径2cm　母岩：泥質ノジュール
◎ノジュールから産出。

■地下茎？
分類：不明
時代：白亜紀
産地：北海道留萌郡小平町上記念別川佐藤の沢
サイズ：長さ6.1cm　母岩：泥質ノジュール
◎このような形をするものは地下茎か。

夕張の化石

夕張・白金沢の様子だ。ダムのせいでこのあたりまで水没するらしい。このあたりは異常巻きアンモナイトが多産する。

上巻沢をさかのぼってゆく。橋の上から川岸を覗くと、ノジュールが転がっていた。もちろんアンモナイトが入っていた。

■ムラモトセラス
分類：軟体動物頭足類
時代：白亜紀　　産地：北海道夕張市上巻沢
サイズ：長径 5cm　母岩：泥質ノジュール
◎初期殻が飛んでいるようだ。（守山標本）

■スカフィテス
分類：軟体動物頭足類
時代：白亜紀　　産地：北海道夕張市白金沢
サイズ：長径 2.6cm　母岩：泥質ノジュール
◎夕張地区のノジュールはとても硬く、分離も悪い。しかし、中にはこのように分離が良いものもあって馬鹿にできない。

芦別の化石

■コリグノニセラス
分類：軟体動物頭足類
時代：白亜紀
産地：北海道芦別市幌子芦別川
サイズ：長径1.9cm
母岩：泥質ノジュール
◎硬いノジュールから産出。テキサナイテスの仲間。

■マダガスカリテス
分類：軟体動物頭足類
時代：白亜紀
産地：北海道芦別市幌子芦別川
サイズ：長径3cm
母岩：泥質ノジュール
◎裏面に初期殻が見えている。

芦別市の幌子芦別川にあるチューロニアンの露頭。金網の中に化石を含んだノジュールがたくさん見えている。この下を流れる川からも産出する。

■ユーボストリコセラス
分類：軟体動物頭足類
時代：白亜紀
産地：北海道芦別市幌子芦別川
サイズ：高さ7cm　母岩：泥質ノジュール
◎幌子芦別川は異常巻きが多い。硬いノジュールだが，何とかクリーニングは可能だ。

北海道　中生代

■エゾイテス
分類：軟体動物頭足類	
時代：白亜紀	産地：北海道芦別市幌子芦別川
サイズ：長径 1.7㎝	母岩：泥質ノジュール

◎やや角張った種類だ。肋も荒い。

■魚類の歯
分類：脊椎動物硬骨魚類	
時代：白亜紀	産地：北海道芦別市幌子芦別川
サイズ：長さ 0.6㎝	母岩：泥質ノジュール

◎ノジュールから産出。

■リヌパルス
分類：節足動物甲殻類	時代：白亜紀	産地：北海道芦別市幌子芦別川
サイズ：長さ 3㎝	母岩：泥質ノジュール	

◎ハコエビの仲間。見えているのは足の部分。

曙の化石

■ギンエビス
分類：軟体動物腹足類	
時代：第三紀中新世	産地：北海道苫前郡羽幌町曙
サイズ：高さ 4.7㎝	母岩：泥質ノジュール

◎ノジュールから産出した。

■ギンエビス
分類：軟体動物腹足類	
時代：第三紀中新世	産地：北海道苫前郡羽幌町曙
サイズ：高さ 4.8㎝	母岩：泥質ノジュール

◎少し分離が悪そうだ。

■二枚貝
分類：軟体動物斧足類	
時代：第三紀中新世	産地：北海道苫前郡羽幌町曙
サイズ：長さ 2.6㎝	母岩：泥質ノジュール

◎ソデガイの仲間か。

羽幌町曙にある露頭。第三紀中新世の露頭で、数㎝程度のノジュールが多産する。
たいていキララガイが入っているが、中にはギンエビスやツリテラといった巻貝も出てくる。

空知川の化石

北海道 新生代

空知川の夏の様子だ。滝川市を流れる空知川は夏になると水位が下がり、河床が広がる。タカハシホタテなどの化石が採り放題だ。

■鯨類の耳骨

分類: 脊椎動物哺乳綱鯨類	
時代: 第三紀鮮新世	産地: 北海道滝川市空知川
サイズ: 長さ5cm	母岩: 泥岩

◎硬いので河床に飛び出ていた。

タキカワカイギュウ（滝川海牛）の産出地。ここからはカイギュウの化石も産出している。

右殻

左殻

■タカハシホタテ

分類:軟体動物斧足類	時代:第三紀鮮新世	産地:北海道滝川市空知川
サイズ:高さ16cm,長さ16.5cm	母岩:砂泥岩	

◎完全でとても大きな個体。

■イワフジツボ

分類:節足動物甲殻綱蔓脚類	時代:第三紀鮮新世	産地:北海道滝川市空知川
サイズ:径0.8cm	母岩:砂泥岩	

◎ホタテの殻の内側にびっしりとくっついている。

青山の化石

■エゾバイ
分類：軟体動物腹足類
時代：第三紀中新世　産地：北海道石狩郡当別町青山中央
サイズ：高さ8cm　母岩：泥質ノジュール
◎頁岩中のノジュールから産出。

■ヤエバイトカケ
分類：軟体動物腹足類
時代：第三紀中新世　産地：北海道石狩郡当別町青山中央
サイズ：高さ4cm　母岩：シルト
◎シルト質の石から分離。

■エゾボラモドキ？
分類：軟体動物腹足類
時代：第三紀中新世　産地：北海道石狩郡当別町青山中央
サイズ：高さ5cm　母岩：泥質ノジュール
◎泥質のノジュールから産出。

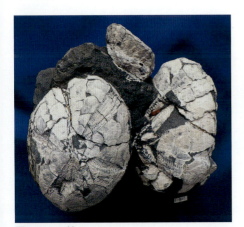

■ウニの一種
分類：棘皮動物ウニ類
時代：第三紀中新世　産地：北海道石狩郡当別町青山中央
サイズ：長径11cm　母岩：砂質ノジュール
◎とても大きなウニだ。ここではほとんどのノジュールに入っている。

■オウナガイ
分類：軟体動物斧足類
時代：第三紀中新世　産地：北海道石狩郡当別町青山中央
サイズ：長さ9cm　母岩：シルト
◎北海道の日本海側からはオウナガイの化石が所々で産出する。

北海道 新生代

当別町青山中央の採石場跡だ。かつて厚田村から当別町あたりにかけては採石場が多くあった。
中新世の地層で、貝類などが多産する。

■鯨類？の脊椎骨
分類	脊椎動物哺乳綱鯨類？
時代	第三紀中新世
産地	北海道石狩郡当別町青山中央
サイズ	高さ6cm
母岩	砂泥質ノジュール

◎ノジュールの一部を欠いて蟻酸で抽出。

■鯨類？の脊椎骨と肋骨

分類：脊椎動物哺乳綱鯨類？	時代：第三紀中新世	産地：北海道石狩郡当別町青山中央
サイズ：長さ40cm	母岩：砂泥質ノジュール	

◎鯨類の骨と思われる。上の写真、正面のくぼんだあたりから産出した。頭部が出ないかと探したが、土に埋もれたノジュールが多く、1人では困難だった。

蟻酸を使って獣骨を出す

青山中央で採集した獣骨化石を蟻酸で抽出した。2003年春，青山中央でウニの化石やエゾボラなどと一緒に採集した獣骨化石で，ノジュール中にあってとても硬いのでしばらく手をこまねいていた。タガネでクリーニングを仕掛けたが，とてもではないが無理だった。そこで，蟻酸を使って抽出してみることにした。1日蟻酸に漬け，ブラシを使って溶けた泥を流し，一度乾燥させて骨にだけパラロイドを塗る。翌日，再び蟻酸に漬ける……この作業を繰り返すこと半年，ようやくここまで処理することができた。ただ，これ以上溶かすと自重で壊れるおそれがあるのでこのままで置いてある。鯨類の子どもであろうか。

毎日1回溶液から揚げ，ブラシでこすってやると大量の砂が落ちる。その量は4.6kgにも及ぶ。いったん乾燥させてパラロイドで補強しないと骨がもろくなる。また，岩の割れ目から溶けやすく，溶けないように接着剤などでバリアをつくってやる必要がある。ただどぼんと漬けてやるだけではダメで，結構大変な作業だった。

脊椎と肋骨がきれいに並んでいる。

肋骨が宙に浮くまで溶解した。

奥尻島の化石

奥尻島の宮津だ。橋が架かっている所の谷がビカリアの産地だ。江差と瀬棚から船が出ていて、宮津までは町営のバスで行く。北海道では長万部でもビカリアが出る。

産地まで谷を登ってゆく。島は熊の心配がないので安心だ。

■トリガイ？
分類：軟体動物斧足類
時代：第三紀中新世
産地：北海道奥尻郡奥尻町宮津
サイズ：長さ4cm
母岩：泥質ノジュール
◎ビカリア産出層の上部に貝化石層があった。

■ドシニア
分類：軟体動物斧足類
時代：第三紀中新世
産地：北海道奥尻郡奥尻町宮津
サイズ：長さ5cm
母岩：泥質ノジュール
◎残念ながらビカリアは採れなかったが、他の化石は採集できた。

その他の第三紀層の化石

■ヒバリガイ群集
分類：軟体動物斧足類
時代：第三紀中新世
サイズ：左右20cm
産地：北海道岩見沢市栗沢町美流渡
母岩：砂岩
◎母岩が硬い砂岩なので、殻が壊れやすい。

■ツリテラ
分類：軟体動物腹足類
時代：第三紀中新世
産地：北海道樺戸郡月形町知来乙
サイズ：高さ4cm
母岩：シルト
◎殻表はやや平滑だ。

■エゾボラモドキ？
分類：軟体動物腹足類
時代：第三紀中新世
産地：北海道樺戸郡月形町知来乙
サイズ：高さ7cm
母岩：泥質ノジュール
◎砂岩中のノジュールから産出。

月形町の採石場に転がっていた鯨類のノジュール。
この中に大きな鯨の骨が入っていたが、取り出すのは難しい。
この周辺ではこういった化石をよく目にする。

上磯の化石

■エゾバイ科の一種
分類：軟体動物腹足類
時代：第四紀更新世　産地：北海道北斗市三好細小股沢川
サイズ：高さ6.7cm　母岩：砂礫
◎エゾバイの仲間と思われるが，見慣れない種類だ。現生種のカミオボラに似る。

■ヒバリガイ
分類：軟体動物斧足類
時代：第四紀更新世　産地：北海道北斗市三好細小股沢川
サイズ：長さ9cm　母岩：砂礫
◎ここは大きなヒバリガイが多い。

■エゾワスレガイ
分類：軟体動物斧足類
時代：第四紀更新世　産地：北海道北斗市三好細小股沢川
サイズ：長さ7cm　母岩：砂礫
◎大きな二枚貝だ。

■タテスジホウズキガイ
分類：腕足動物有関節類
時代：第四紀更新世　産地：北海道北斗市三好細小股沢川
サイズ：高さ3cm　母岩：砂礫
◎比較的大きな腕足類。

■コウダカスカシガイ
分類：軟体動物腹足類
時代：第四紀更新世　産地：北海道北斗市三好細小股沢川
サイズ：長さ3cm　母岩：砂礫
◎傘貝の仲間で，殻頂にスリットがある。

東北

産地	地質時代
古生代	
① 岩手県大船渡市日頃市町行人沢	シルル紀
② 岩手県大船渡市日頃市町大森	デボン紀
③ 岩手県大船渡市日頃市町鬼丸, 樋口沢, 長安寺	石炭紀
④ 宮城県気仙沼市戸屋沢, 上八瀬	ペルム紀
⑤ 岩手県陸前高田市飯森	ペルム紀

中生代	地質時代
⑥ 宮城県宮城郡利府町赤沼	三畳紀
⑦ 宮城県石巻市北上町追波	ジュラ紀
⑧ 宮城県気仙沼市夜這路峠	ジュラ紀
新生代	
⑨ 福島県双葉郡富岡町小良ケ浜	第三紀鮮新世
⑩ 青森県青森市浪岡大釈迦	第三紀鮮新世
⑪ 秋田県男鹿市琴川安田海岸	第四紀更新世

大船渡の化石

■エンクリヌルスの頭部
分類：節足動物三葉虫類
時代：シルル紀　産地：岩手県大船渡市日頃市町行人沢
サイズ：幅1.7cm　母岩：石灰質頁岩
◎エンクリヌルスの頭部の産出は珍しい。(増田標本)

■エンクリヌルスの尾部
分類：節足動物三葉虫類
時代：シルル紀　産地：岩手県大船渡市日頃市町行人沢
サイズ：長さ1.4cm　母岩：石灰質頁岩
◎中軸部の突起が特徴。シルル紀の代表的な三葉虫だ。(増田標本)

■カルケオラ・サンダリナの蓋
分類：腔腸動物四射サンゴ類
時代：デボン紀　産地：岩手県大船渡市日頃市町大森
サイズ：幅1.6cm　母岩：硬質頁岩
◎四射サンゴの蓋で，デボン紀の示準化石になっている。

■直角石
分類：軟体動物頭足類
時代：デボン紀　産地：岩手県大船渡市日頃市町大森
サイズ：径2.5cm　母岩：硬質頁岩
◎大森では直角石はあまり見ない。

■ ファコプスの頭部

分類：節足動物三葉虫類	
時代：デボン紀	産地：岩手県大船渡市日頃市町大森
サイズ：幅1.8cm	母岩：硬質頁岩

◎前方から見た頭部の様子。（青木標本）

■ ファコプスの頭部

分類：節足動物三葉虫類	
時代：デボン紀	産地：岩手県大船渡市日頃市町大森
サイズ：幅2.8cm	母岩：硬質頁岩

◎雌型標本を256頁の方法で疑似本体に写真変換。

■ ファコプスの複眼

分類：節足動物三葉虫類	
時代：デボン紀	産地：岩手県大船渡市日頃市町大森
サイズ：長さ0.7cm	母岩：硬質頁岩

◎雌型標本を256頁の方法で疑似本体に写真変換。実際にはこんな感じの目をしていたことがわかる。（青木標本）

■ ファコプスの胸部と尾部

分類：節足動物三葉虫類	
時代：デボン紀	産地：岩手県大船渡市日頃市町大森
サイズ：長さ2.8cm	母岩：硬質頁岩

◎頭部は折れ曲がっているのかもしれない。（青木標本）

東北 古生代

■アカントピゲ

分類：節足動物三葉虫類	時代：デボン紀	産地：岩手県大船渡市日頃市町大森
サイズ：長さ1.7cm	母岩：硬質頁岩	

◎右は雄型標本，左は雌型標本を256頁の方法で疑似本体に写真変換。同じものなのにずいぶんと感じが違って見える。

大森の林道脇で化石を探す。いろんな化石が出てくるが，三葉虫（ファコプスが主）は特定の地層からしか出てこないので，その層を探すのが難しい。

■四射サンゴ

分類：腔腸動物四射サンゴ類	
時代：石炭紀	産地：岩手県大船渡市日頃市町鬼丸
サイズ：長さ5.5cm	母岩：硬質頁岩

◎頁岩の中にある石灰質の四射サンゴ。石灰質は溶け去っている。

直角石が見つかったところ。硬い石を割ると，直角石とストラパロルスが見つかった。残念ながら本体は溶け去り，印象となっている。

■直角石

分類：軟体動物頭足類	
時代：石炭紀	産地：岩手県大船渡市日頃市町鬼丸
サイズ：長さ10.5cm	母岩：硬質頁岩

◎上の標本。下半分は溶けてなくなっている。

■ストラパロルス

分類：軟体動物腹足類	
時代：石炭紀	産地：岩手県大船渡市日頃市町鬼丸
サイズ：長径13cm	母岩：硬質頁岩

◎大きなストラパロルスだ。次ページ参照。（新保標本）

奇跡の再会，鬼丸のストラパロルス

　2005年の3月末，東北巡検に一緒に行った新保さんが，鬼丸採石所横の斜面で巻貝の一種，ストラパロルスを採集した。直径約10cm，1/3が欠けていたが，殻頂もあり，新保さんにとっては第一級の標本となった。行ったことのある人はわかると思うが，鬼丸の石はとても硬く，チャートの硬さに匹敵するくらいで，分離も簡単にはいかない。そんな硬い石からよくもきれいに出たものだと思っていた。

　それから3年がたった2008年4月20日，同じ場所で僕もストラパロルスを採集した。僕の標本もうまく分離したのだが，2/3が欠けていて「新保標本」に似ているなあと感じていた。

　その年の暮れ，巡検先の白馬の民宿での出来事。あらかじめ相談して，その2つの標本を見せ合うことにした。すると，なんということだろうか，2つのストラパロルスは見事に合体したのだった。3年と1カ月という間を置いて，2人別々に採集した化石が1つになったのだ。まさに奇跡としか言いようのない出来事だった。

　実際には石が割れて転石となったのが始まりなので，おそらく採石場が操業した頃，何十年も前に泣き別れになったものなのだろう。

　晴れて1つになったストラパロルス，新保標本に殻頂が残っているということで，僕の標本は新保氏宅にお嫁に行ったのはいうまでもない。仮に見知らぬ人がどちらかを採集していたとすれば，この奇跡は起こらず，廃棄されたか，二級品の標本として標本箱の奥にしまいこまれていたに違いない。

新保さんが採集したもの。

筆者が採集したもの。

見事に合体したストラパロルス。

底面。

東北 古生代

五葉山と鬼丸採石所。遠くに見えるのは白く雪をかぶった五葉山で，右手山腹にあるのが鬼丸採石所だ。この一帯は古生代化石の宝庫になっている。

■二枚貝の一種

分類：軟体動物斧足類	
時代：石炭紀	産地：岩手県大船渡市日頃市町鬼丸
サイズ：長さ2.8cm	母岩：硬質頁岩

◎成長肋が顕著だ。（青木標本）

■腕足類の一種

分類：腕足動物有関節類	
時代：石炭紀	産地：岩手県大船渡市日頃市町鬼丸
サイズ：幅3.9cm	母岩：硬質頁岩

◎平らな形状をしている。

■腕足類の一種

分類：腕足動物有関節類	
時代：石炭紀	産地：岩手県大船渡市日頃市町鬼丸
サイズ：長さ2.8cm	母岩：硬質頁岩

◎幾分変形している。（青木標本）

■腕足類の一種
分類：腕足動物有関節類
時代：石炭紀　　産地：岩手県大船渡市日頃市町鬼丸
サイズ：幅6.7cm　母岩：硬質頁岩
◎のっぺりとした大型の腕足類。

■リンガフィリップシア
分類：節足動物三葉虫類
時代：石炭紀　　産地：岩手県大船渡市日頃市町長安寺
サイズ：長さ1.2cm　母岩：硬質頁岩
◎尾部のみだが，とても美しい。

■コノフィリップシア・コイズミイ
分類：節足動物三葉虫類
時代：石炭紀　　産地：岩手県大船渡市日頃市町鬼丸
サイズ：長さ0.7cm　母岩：硬質頁岩
◎中葉部が幅広い。（青木標本）

■フィリップシア・オオモリエンシス
分類：節足動物三葉虫類
時代：石炭紀　　産地：岩手県大船渡市日頃市町樋口沢
サイズ：長さ2.4cm　母岩：硬質頁岩
◎完全体だ。（増田標本）

飯森、戸屋沢、上八瀬の化石

■オウムガイ
分類：軟体動物頭足類	
時代：ペルム紀	産地：宮城県気仙沼市戸屋沢
サイズ：長径 2.5cm	母岩：頁岩

◎直線的な縫合線が見える。（増田標本）

■直角石
分類：軟体動物頭足類	
時代：ペルム紀	産地：岩手県陸前高田市飯森
サイズ：長さ 4cm	母岩：頁岩

◎この標本は石灰化しく溶けずに残っている。

■アンヌリコンカ
分類：軟体動物斧足類	
時代：ペルム紀	産地：宮城県気仙沼市戸屋沢
サイズ：長さ 1.8cm	母岩：頁岩

◎ホタテの仲間で，成長肋の下方に突起が見られる。

■シゾダス
分類：軟体動物斧足類	
時代：ペルム紀	産地：宮城県気仙沼市戸屋沢
サイズ：長さ 2.1cm	母岩：頁岩

◎三角貝の仲間だ。

東北 古生代

■イガイ
分類：軟体動物斧足類
時代：ペルム紀　　産地：宮城県気仙沼市戸屋沢
サイズ：長さ 4.8cm　母岩：頁岩
◎イガイの仲間は古生代にも生息していた。

■プロダクタス
分類：腕足動物有関節類
時代：ペルム紀　　産地：宮城県気仙沼市戸屋沢
サイズ：幅 3.5cm　母岩：頁岩
◎細かな棘が殻の周りに残っている。特に右上方に伸びる棘が顕著だ。まるでウニのような、毛むくじゃらの腕足類である。

■プロダクタス
分類：腕足動物有関節類
時代：ペルム紀　　産地：宮城県気仙沼市戸屋沢
サイズ：幅 3.2cm　母岩：頁岩
◎左右肩にある，上方に伸びる棘が顕著だ。

■スピリファーの一種
分類：腕足動物有関節類
時代：ペルム紀　　産地：宮城県気仙沼市戸屋沢
サイズ：幅 4.7cm　母岩：頁岩
◎内形雄型標本。

東北 古生代

■スピリファーの一種
分類：腕足動物有関節類
時代：ペルム紀
産地：宮城県気仙沼市戸屋沢
サイズ：幅3.4cm
母岩：頁岩
◎古生代の代表的な腕足類だ。

■スピリフェリナ
分類：腕足動物有関節類
時代：ペルム紀
産地：宮城県気仙沼市戸屋沢
サイズ：幅3.2cm
母岩：頁岩
◎スピリフェリナは三畳紀にも生息していて、福井県難波江産のスピリフェリナとそっくりだ。

■シュードフィリップシア
分類：節足動物三葉虫類
時代：ペルム紀
産地：岩手県陸前高田市飯森
サイズ：雄型の長さ2cm、型の長さ2.2cm
母岩：頁岩
◎右は接着剤で型どりしたもの。殻の厚みの分、型どりしたほうが若干大きい。

戸屋沢の産地。岩手県との県境近くにある場所だ。
すぐ近くには飯森の産地、上八瀬の有名な産地があり、この一帯は化石の一大産地になっている。

東北 古生代

■ミケリニア

分類：腔腸動物床板サンゴ類	時代：ペルム紀	産地：宮城県気仙沼市上八瀬
サイズ：左右12cm	母岩：石灰岩	

◎岩盤の中に見えているミケリニア。蛇体石として有名なペルム紀の蜂の巣サンゴだ。シルル紀やデボン紀のものより部屋が大きい。

上八瀬の沢沿いに林道が続く。所々に石灰岩が点在し、その中にミケリニアが入っている。土の中にある風化したものがきれいだ。

沢の中の石灰岩露頭。この中からも大きなミケリニアが見つかったが、石が大きく採集はできなかった。

利府の化石

利府の採石場。三畳紀の地層が分布している。
多種多様な化石が産出し、大変興味深い産地だ。

■プチキテス
分類：軟体動物頭足類
時代：三畳紀　　　産地：宮城県宮城郡利府町赤沼
サイズ：長径4㎝　　母岩：シルト
◎圧力で幾分変形している。

■オウムガイ
分類：軟体動物頭足類
時代：三畳紀　　　産地：宮城県宮城郡利府町赤沼
サイズ：長径5㎝　　母岩：シルト
◎縫合線が見える。(増田標本)

■直角石
分類：軟体動物頭足類
時代：三畳紀　　　産地：宮城県宮城郡利府町赤沼
サイズ：長さ5㎝　　母岩：シルト
◎直角石は古生代から中生代の三畳紀まで生息していた。

■プレウロトマリア
分類：軟体動物腹足類
時代：三畳紀　産地：宮城県宮城郡利府町赤沼
サイズ：長径3cm　母岩：シルト
◎オキナエビスの仲間だ。（増田標本）

■キダリス
分類：棘皮動物ウニ類
時代：三畳紀　産地：宮城県宮城郡利府町赤沼
サイズ：左右1.5cm　母岩：シルト
◎三畳紀のキダリスは珍しい。（増田標本）

■スピリフェリナ
分類：腕足動物有関節類
時代：三畳紀　産地：宮城県宮城郡利府町赤沼
サイズ：幅1.7cm　母岩：シルト
◎この地での腕足類は珍しい。（増田標本）

■トクサ
分類：シダ植物トクサ類
時代：三畳紀　産地：宮城県宮城郡利府町赤沼
サイズ：長さ11cm　母岩：シルト
◎節があるのでトクサの仲間と思われる。

追波・夜這路峠の化石

■フィロセラスの仲間

分類：軟体動物頭足類	時代：ジュラ紀	産地：宮城県石巻市北上町追波
サイズ：長径 7.8cm	母岩：シルト	

◎追波産のアンモナイトとしてはかなり大型だ。ヘソが狭く，フィロセラスの仲間と思われる。（青木標本）

■ギャランチアナ

分類：軟体動物頭足類

時代：ジュラ紀	産地：宮城県石巻市北上町追波
サイズ：長径 6.5cm	母岩：シルト

◎追波を代表するアンモナイトだ。

■ペレコディテス・スパティアンズ

分類：軟体動物頭足類

時代：ジュラ紀	産地：宮城県気仙沼市夜這路峠
サイズ：長径 4.8cm	母岩：頁岩

◎ラペットが残った雌型標本だ。256頁の方法で疑似本体に写真変換。

東北 中生代

小良ケ浜の化石

■オオヨウラク
分類：軟体動物腹足類
時代：第三紀鮮新世　産地：福島県双葉郡富岡町小良ケ浜
サイズ：高さ4.6cm　母岩：砂礫
◎アクキガイ科の巻貝。

■エゾフネ
分類：軟体動物腹足類
時代：第三紀鮮新世　産地：福島県双葉郡富岡町小良ケ浜
サイズ：長径4.5cm　母岩：砂礫
◎一見二枚貝に見えるが巻貝である。

■メジロザメ
分類：脊椎動物軟骨魚類
時代：第三紀鮮新世　産地：福島県双葉郡富岡町小良ケ浜
サイズ：高さ1.5cm　母岩：砂礫
◎やや大きなメジロザメだ。

小良ケ浜海岸の様子。高さ数十メートルの絶壁が続いている。シルト層の下部に砂礫の地層があり、その中から貝類や獣骨が多産する。
残念ながら現在は、原発事故により立ち入りができない。

■鰭脚類の大腿骨
分類：脊椎動物哺乳類
時代：第三紀鮮新世　産地：福島県双葉郡富岡町小良ケ浜
サイズ：長さ9cm　母岩：砂礫
◎形状から鰭脚類の大腿骨と思われる。

■鰭脚類の腓骨
分類：脊椎動物哺乳類
時代：第三紀鮮新世　産地：福島県双葉郡富岡町小良ケ浜
サイズ：長さ9cm　母岩：砂礫
◎頸骨と平行にある細い骨だ。

大釈迦の化石

大釈迦にある採石場跡。砂利の中に貝化石がいっぱい入っているのだが，とにかくもろいのが難点だ。

■ニシキガイの一種
分類：軟体動物斧足類
時代：第三紀鮮新世
産地：青森県青森市浪岡大釈迦
サイズ：長さ8cm，高さ9cm
母岩：砂礫
◎小さな鱗片突起がある。

安田海岸の化石

安田海岸の風景だ。男鹿半島の北部海岸に長い砂浜が続く。更新世の地層（下部から鮪川層，安田層）があって，貝化石やウニなどが産出する。

■エゾタマガイ
分類：軟体動物腹足類
時代：第四紀更新世　　産地：秋田県男鹿市琴川安田海岸
サイズ：長径6cm，高さ7cm　母岩：砂〜シルト
◎とても大きなタマガイだ。

■ヒメエゾボラ
分類：軟体動物腹足類
時代：第四紀更新世　　産地：秋田県男鹿市琴川安田海岸
サイズ：高さ6.5cm　　母岩：砂〜シルト
◎寒い地方に生息する巻貝である。

■カズラガイ
分類：軟体動物腹足類
時代：第四紀更新世　　産地：秋田県男鹿市琴川安田海岸
サイズ：高さ6.3cm　　母岩：砂〜シルト
◎縞模様が残っている。

■シキシマヨウラク
分類：軟体動物腹足類
時代：第四紀更新世　産地：秋田県男鹿市琴川安田海岸
サイズ：高さ4.6㎝　母岩：砂～シルト

■ヨウラクヒレガイ
分類：軟体動物腹足類
時代：第四紀更新世　産地：秋田県男鹿市琴川安田海岸
サイズ：高さ4.5㎝　母岩：砂～シルト
◎大きなひれが体層を取り巻く。

■ヒタチオビガイ
分類：軟体動物腹足類
時代：第四紀更新世　産地：秋田県男鹿市琴川安田海岸
サイズ：高さ9.2㎝　母岩：砂～シルト
◎比較的深い海に生息する巻貝である。

■キサゴの仲間
分類：軟体動物腹足類
時代：第四紀更新世　産地：秋田県男鹿市琴川安田海岸
サイズ：長径1.9㎝　母岩：砂～シルト

東北 新生代

■トウイト
分類：軟体動物腹足類
時代：第四紀更新世　産地：秋田県男鹿市琴川安田海岸
サイズ：高さ 3.5cm　母岩：砂～シルト
◎シフォナリアの仲間。

■タケノコシャジク？
分類：軟体動物腹足類
時代：第四紀更新世　産地：秋田県男鹿市琴川安田海岸
サイズ：高さ 2.5cm　母岩：砂～シルト
◎クダマキガイの仲間。

■フミガイ
分類：軟体動物斧足類
時代：第四紀更新世　産地：秋田県男鹿市琴川安田海岸
サイズ：長さ 2cm　母岩：砂～シルト
◎比較的小さな二枚貝。

■アカガイ
分類：軟体動物斧足類
時代：第四紀更新世　産地：秋田県男鹿市琴川安田海岸
サイズ：長さ 8cm　母岩：砂～シルト
◎大きくなる種類だ。

東北　新生代

■エゾキンチャク（右殻）
分類	軟体動物斧足類
時代	第四紀更新世
産地	秋田県男鹿市琴川安田海岸
サイズ：長さ6.8cm、高さ7.9cm	母岩：砂〜シルト

◎ハイアトベクティンオイフティーという。

■ビノスガイ
分類	軟体動物斧足類
時代	第四紀更新世
産地	秋田県男鹿市琴川安田海岸
サイズ：長さ8.1cm	母岩：砂〜シルト

◎殻が分厚い。

■カメホウズキチョウチン
分類	腕足動物有関節類
時代	第四紀更新世
産地	秋田県男鹿市琴川安田海岸
サイズ：高さ3.2cm	母岩：砂〜シルト

◎きれいな腕足類だ。腕足類は壊れやすいので採集には注意が必要だ。特に乾燥するともろい。

エゾタマキガイの化石床。これは安田層の地層だ。この下部に鮪川層が重なっていて、たくさんの貝化石が産出する。

関東

産地	地質時代
新生代	
① 千葉県安房郡鋸南町元名	第三紀鮮新世
② 神奈川県厚木市棚沢	第三紀鮮新世
③ 神奈川県愛甲郡愛川町小沢	第三紀鮮新世
④ 神奈川県横浜市金沢区柴町	第四紀更新世
⑤ 千葉県市原市瀬又	第四紀更新世
⑥ 千葉県印西市山田, 萩原	第四紀更新世
⑦ 千葉県君津市市宿	第四紀更新世

鋸山の化石

■タコブネ
分類：軟体動物頭足類
時代：第二紀鮮新世　産地：千葉県安房郡鋸南町奥元名
サイズ：長径3.6cm　母岩：砂礫岩
◎殻が溶けてわかりにくいが、人変珍しい化石である。（中戸標本）

■ノコギリザメの吻棘
分類：脊椎動物軟骨魚類
時代：第三紀鮮新世　産地：千葉県安房郡鋸南町奥元名
サイズ：長さ2cm　母岩：砂礫岩
◎ノコギリの左右に伸びる棘である。（中戸標本）

■カルカロクレス・メガロドン

分類：脊椎動物軟骨魚類	時代：第三紀鮮新世	産地：千葉県安房郡鋸南町奥元名
サイズ：高さ13cm、幅11.5cm	母岩：砂礫岩	

◎大きくて立派な標本だ。（中戸標本）

神奈川の化石　第三紀鮮新世

□中戸標本

関東地方に掲載する標本のほとんどは，横浜市在住の中戸英昭氏が長年にわたって収集したものである。千葉，神奈川産の化石が主であるが，特筆すべきはその標本の美しさである。更新世の普通種であっても，丁寧にそして美しく標本化されたものは誰もが目を奪われる一級品ばかりである。まさに，「化石を生かすも殺すもクリーニング次第」である。

化石を現にやっている人も，これから始めようとする人も，是非とも見習ってほしいものである。

■サブスウチキサゴ
分類：軟体動物腹足類
産地：神奈川県厚木市棚沢
サイズ：長径 4.6cm　母岩：砂礫岩
◎大変大きな種類だ。（中戸標本）

■モミジボラ
分類：軟体動物腹足類
産地：神奈川県愛甲郡愛川町小沢
サイズ：高さ 5.3cm　母岩：砂泥
◎クダマキガイの一種だ。（中戸標本）

■ミクリガイ
分類：軟体動物腹足類
産地：神奈川県愛甲郡愛川町小沢
サイズ：高さ 5cm　母岩：砂泥
◎（中戸標本）

■ツノガイ
分類：軟体動物掘足類
産地：神奈川県愛甲郡愛川町小沢
サイズ：長さ 6.2cm　母岩：砂泥
◎（中戸標本）

■フスマガイ
分類：軟体動物斧足類
産地：神奈川県愛甲郡愛川町小沢
サイズ：長さ 6.5cm　母岩：砂泥
◎（中戸標本）

■ヤマトタマキガイ
分類：軟体動物斧足類
産地：神奈川県愛甲郡愛川町小沢
サイズ：長さ 4.8cm　母岩：砂泥
◎（中戸標本）

神奈川の化石　第四紀更新世

■ヒタチオビガイ
分類：軟体動物腹足類
産地：神奈川県横浜市金沢区柴町
サイズ：高さ7.5cm　母岩：砂礫岩
◎（中戸標本）

■オオハネガイ
分類：軟体動物斧足類
産地：神奈川県横浜市金沢区柴町
サイズ：長さ6.5cm　母岩：砂礫岩
◎（中戸標本）

■ミノガイ
分類：軟体動物斧足類
産地：神奈川県横浜市金沢区柴町
サイズ：長さ1.7cm　母岩：砂礫岩
◎（中戸標本）

■ソデガイ
分類：軟体動物斧足類
産地：神奈川県横浜市金沢区柴町
サイズ：長さ2.5cm　母岩：砂礫岩
◎（中戸標本）

■オニフジツボ
分類：節足動物甲殻綱蔓脚類
産地：神奈川県横浜市金沢区柴町
サイズ：径5cm，高さ5cm　母岩：砂礫岩
◎（中戸標本）

■クロスチョウチン
分類：腕足動物有関節類
産地：神奈川県横浜市金沢区柴町
サイズ：高さ3.5cm　母岩：砂礫岩
◎（中戸標本）

■カクホウズキチョウチン
分類：腕足動物有関節類
産地：神奈川県横浜市金沢区柴町
サイズ：高さ3cm　母岩：砂礫岩
◎（中戸標本）

■グウルドチョウチンガイ
分類：腕足動物有関節類
産地：神奈川県横浜市金沢区柴町
サイズ：高さ3.6cm　母岩：砂礫岩
◎（中戸標本）

関東　新生代

瀬又の化石　第四紀更新世

■ナガニシ
分類：軟体動物腹足類
産地：千葉県市原市瀬又
サイズ：高さ7.5cm　母岩：砂
◎（中戸標本）

■ヒタチオビガイ
分類：軟体動物腹足類
産地：千葉県市原市瀬又
サイズ：高さ7.5cm　母岩：砂
◎（中戸標本）

■アズマニシキ
分類：軟体動物斧足類
産地：千葉県市原市瀬又
サイズ：高さ8.8cm　母岩：砂
◎（中戸標本）

■ヒバリガイ
分類：軟体動物斧足類
産地：千葉県市原市瀬又
サイズ：長さ8.5cm　母岩：砂
◎（中戸標本）

■マガキ
分類：軟体動物斧足類
産地：千葉県市原市瀬又
サイズ：長さ14cm　母岩：砂
◎（中戸標本）

■ビノスガイ
分類：軟体動物斧足類
産地：千葉県市原市瀬又
サイズ：長さ8.5cm　母岩：砂
◎（中戸標本）

■イソシジミ
分類：軟体動物斧足類
産地：千葉県市原市瀬又
サイズ：長さ6.1cm　母岩：砂
◎（中戸標本）

■サラガイ
分類：軟体動物斧足類
産地：千葉県市原市瀬又
サイズ：長さ7.9cm　母岩：砂
◎（中戸標本）

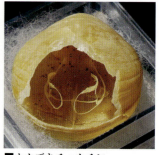

■ホウズキチョウチン
分類：腕足動物有関節類
産地：千葉県市原市瀬又
サイズ：幅2cm　母岩：砂
◎内部の腕骨を覗く。（中戸標本）

印旛沼の化石　第四紀更新世

■ テングニシ
分類：軟体動物腹足類
産地：千葉県印西市山田
サイズ：高さ 16cm　母岩：砂
◎（中戸標本）

■ バイ
分類：軟体動物腹足類
産地：千葉県印西市萩原
サイズ：高さ 6cm　母岩：砂
◎（中戸標本）

■ カズラガイ
分類：軟体動物腹足類
産地：千葉県印西市萩原
サイズ：高さ 6cm　母岩：砂
◎（中戸標本）

■ エゾタマガイ
分類：軟体動物腹足類
産地：千葉県印西市萩原
サイズ：高さ 4.5cm　母岩：砂
◎（中戸標本）

■ ミガキボラ
分類：軟体動物腹足類
産地：千葉県印西市萩原
サイズ：高さ 10cm　母岩：砂
◎（中戸標本）

■ アカニシ
分類：軟体動物腹足類
産地：千葉県印西市萩原
サイズ：高さ 10cm　母岩：砂
◎（中戸標本）

■ ヤツシロガイ
分類：軟体動物腹足類
産地：千葉県印西市山田
サイズ：高さ 12cm　母岩：砂
◎（中戸標本）

■ イタヤガイ（左殻，右殻）
分類：軟体動物斧足類
産地：千葉県印西市萩原
サイズ：長さ 9.3cm　母岩：砂
◎（中戸標本）

関東　新生代

関東 新生代

■ワスレガイ
分類：軟体動物斧足類
産地：千葉県印西市山田
サイズ：長さ 6.3cm　母岩：砂
◎（中戸標本）

■サギガイ
分類：軟体動物斧足類
産地：千葉県印西市萩原
サイズ：長さ 5.5cm　母岩：砂
◎（中戸標本）

■ゴイサギガイ
分類：軟体動物斧足類
産地：千葉県印西市萩原
サイズ：長さ 5.6cm　母岩：砂
◎（中戸標本）

■オオトリガイ
分類：軟体動物斧足類
産地：千葉県印西市山田
サイズ：長さ 12.6cm　母岩：砂
◎（中戸標本）

■サラガイ
分類：軟体動物斧足類
産地：千葉県印西市山田
サイズ：長さ 9.9cm　母岩：砂
◎（中戸標本）

■オオノガイ
分類：軟体動物斧足類
産地：千葉県印西市萩原
サイズ：長さ 10.8cm　母岩：砂
◎（中戸標本）

■アサリ
分類：軟体動物斧足類
産地：千葉県印西市萩原
サイズ：長さ 4.7cm　母岩：砂
◎（中戸標本）

■イタボガキ
分類：軟体動物斧足類
産地：千葉県印西市萩原
サイズ：長さ 9.5cm　母岩：砂
◎（中戸標本）

関東 新生代

■ハイガイ
分類：軟体動物斧足類
産地：千葉県印西市山田
サイズ：長さ6.4cm　母岩：砂
◎（中戸標本）

■ブラウン・イシカゲガイ
分類：軟体動物斧足類
産地：千葉県印西市萩原
サイズ：長さ7.9cm　母岩：砂
◎（中戸標本）

■ハマグリ
分類：軟体動物斧足類
産地：千葉県印西市山田
サイズ：長さ9.1cm　母岩：砂
◎（中戸標本）

■ウバガイ
分類：軟体動物斧足類
産地：千葉県印西市山田
サイズ：長さ12.6cm　母岩：砂
◎（中戸標本）

■フスマガイ
分類：軟体動物斧足類
産地：千葉県印西市山田
サイズ：長さ8.9cm　母岩：砂
◎（中戸標本）

■ビノスガイ
分類：軟体動物斧足類
産地：千葉県印西市山田
サイズ：長さ11.1cm　母岩：砂
◎（中戸標本）

■カガミガイ
分類：軟体動物斧足類
産地：千葉県印西市山田
サイズ：長さ8cm　母岩：砂
◎（中戸標本）

■ウラカガミガイ
分類：軟体動物斧足類
産地：千葉県印西市萩原
サイズ：長さ5.8cm　母岩：砂
◎（中戸標本）

■エゾヌノメガイ
分類：軟体動物斧足類
産地：千葉県印西市萩原
サイズ：長さ6.2cm　母岩：砂
◎（中戸標本）

関東 新生代

■アケガイ
分類：軟体動物斧足類
産地：千葉県印西市萩原
サイズ：長さ 8.7cm　母岩：砂
◎（中戸標本）

■スダレガイ
分類：軟体動物斧足類
産地：千葉県印西市山田
サイズ：長さ 6.3cm　母岩：砂
◎（中戸標本）

■ヤチヨノハナガイ
分類：軟体動物斧足類
産地：千葉県印西市山田
サイズ：長さ 6.2cm　母岩：砂
◎（中戸標本）

■オオマテガイ
分類：軟体動物斧足類
産地：千葉県印西市山田
サイズ：長さ 12.3cm　母岩：砂
◎（中戸標本）

■マテガイ
分類：軟体動物斧足類
産地：千葉県印西市萩原
サイズ：長さ 8.6cm　母岩：砂
◎（中戸標本）

■アラスジソデガイ
分類：軟体動物斧足類
産地：千葉県印西市萩原
サイズ：長さ 2.2cm　母岩：砂
◎（中戸標本）

■トリガイ
分類：軟体動物斧足類
産地：千葉県印西市萩原
サイズ：長さ 6.4cm　母岩：砂
◎（中戸標本）

市宿の化石

関東 / 新生代

■ **クモヒトデの群集**
分類：棘皮動物クモヒトデ類
時代：第四紀更新世
産地：千葉県君津市市宿
サイズ：左右15cm
母岩：砂層中の泥層
◎無数のクモヒトデが入っている。

■ **クモヒトデ**

分類：棘皮動物クモヒトデ類	
時代：第四紀更新世	産地：千葉県君津市市宿
サイズ：長さ2.5cm	母岩：砂層中の泥層

◎クモヒトデは細かいところまで鮮明に残っている。

■ **小さな甲殻類**

分類：節足動物甲殻類	
時代：第四紀更新世	産地：千葉県君津市市宿
サイズ：長さ数mm	母岩：砂層中の泥層

◎とても小さな甲殻類が混じっている。

中部・北陸

産地	地質時代
古生代	
① 岐阜県高山市奥飛騨温泉郷一重ケ根	シルル紀
② 福井県大野市上伊勢	デボン紀
③ 新潟県糸魚川市青海町	石炭紀
④ 岐阜県高山市奥飛騨温泉郷福地水屋が谷	ペルム紀
⑤ 岐阜県本巣市根尾初鹿谷	ペルム紀
⑥ 岐阜県大垣市赤坂町金生山	ペルム紀
中生代	
７ 福井県大野市貝皿	ジュラ紀
８ 福井県福井市小和清水町	ジュラ紀
⑨ 岐阜県高山市荘川町松山谷	白亜紀
新生代	
⑩ 長野県安曇野市豊科	第三紀中新世

産地	地質時代
⑪ 岐阜県可児市土田	第三紀中新世
⑫ 石川県珠洲市木ノ浦	第三紀中新世
⑬ 石川県羽咋郡志賀町関野鼻	第三紀中新世
⑭ 富山県富山市八尾町柚木, 土	第三紀中新世
⑮ 石川県七尾市白馬町	第三紀中新世
⑯ 静岡県掛川市下垂木	第三紀鮮新世
⑰ 静岡県袋井市宇刈大日	第三紀鮮新世
⑱ 富山県高岡市岩坪, 五十辺, 桜峠	第三紀鮮新世
⑲ 富山県小矢部市田川	第四紀更新世
⑳ 石川県金沢市大桑町	第四紀更新世
㉑ 石川県珠洲市正院町平床	第四紀更新世
㉒ 愛知県豊橋市嵩山町	第四紀更新世
㉓ 愛知県知多市古見	第四紀完新世

一重ケ根の化石

一重ケ根の斜面で化石を採集する。ちょっと一息，このひとときが楽しい。

■エンクリヌルス
分類：節足動物三葉虫類
時代：シルル紀
産地：岐阜県高山市奥飛騨温泉郷一重ケ根
サイズ：長さ 0.7cm　　母岩：石灰岩
◎この化石が出ることで一重ケ根がシルル紀であることがわかる。クサリサンゴは出ていない。（青木標本）

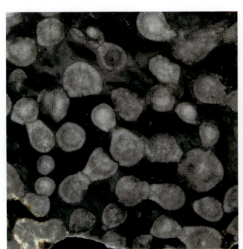

■四射サンゴの一種
分類：腔腸動物四射サンゴ類
時代：シルル紀
産地：岐阜県高山市奥飛騨温泉郷一重ケ根
サイズ：左右 4.5cm　　母岩：石灰岩
◎一重ケ根では四射サンゴもあるにはあるが，種類も数も少ない。

■直角石
分類：軟体動物頭足類
時代：シルル紀
産地：岐阜県高山市奥飛騨温泉郷一重ケ根
サイズ：長さ 7cm　　母岩：石灰岩
◎一重ケ根では珍しい産出。サンゴばかりに目が行き，他の化石が見えていないのかもしれない。（酒井標本）

上伊勢の化石

■ヘリオリテス
分類：腔腸動物床板サンゴ類
時代：デボン紀　　産地：福井県大野市上伊勢
サイズ：左右2㎝　　母岩：石灰質頁岩
◎上伊勢の日石サンゴはコントラストが強く，特に美しい。まるでレースのようだ。

■ファボシテス
分類：腔腸動物床板サンゴ類
時代：デボン紀　　産地：福井県大野市上伊勢
サイズ：長径17㎝　　母岩：石灰岩，頁岩
◎頁岩層の中に化石そのものが含まれることが多い。このような大きな蜂の巣サンゴも多い。

■四射サンゴ
分類：腔腸動物四射サンゴ類
時代：デボン紀　　産地：福井県大野市上伊勢
サイズ：高さ4.5㎝　　母岩：石灰質頁岩
◎上伊勢では四射サンゴも多く産出するが，単体のものは少ない。

上伊勢の化石産地。正面の谷が産地だ。昔はこのあたりにも人が住んでいたようで，畑の跡が続いている。

■直角石

分類：軟体動物頭足類	時代：デボン紀	産地：福井県大野市上伊勢
サイズ：長さ23cm	母岩：石灰質頁岩	

◎大きな直角石だ。住房部分はペシャンコにつぶれている。（新保標本）

■オキナエビス

分類：軟体動物腹足類	
時代：デボン紀	産地：福井県大野市上伊勢
サイズ：長径5cm	母岩：石灰質頁岩

◎スリットラインが鮮明に出ている。（新保標本）

■二枚貝の一種

分類：軟体動物斧足類	
時代：デボン紀	産地：福井県大野市上伊勢
サイズ：長さ4.7cm	母岩：石灰質頁岩

◎殻頂は前方にかたよる。（新保標本）

中部・北陸 古生代

■腕足類の一種
分類：腕足動物有関節類
時代：デボン紀
サイズ：高さ1.7cm
産地：福井県大野市上伊勢
母岩：石灰質頁岩
◎（新保標本）

■三葉虫の右遊離頰と尾部
分類：節足動物三葉虫類
時代：デボン紀
サイズ：長さ1cm
産地：福井県大野市上伊勢
母岩：石灰質頁岩
◎右遊離頰と尾部が見える。（青木標本）

■クロタロセファリナ
分類：節足動物三葉虫類
時代：デボン紀
サイズ：長さ3cm
産地：福井県大野市上伊勢
母岩：石灰質頁岩
◎頭鞍部だ。（新保標本）

■スクテラム
分類：節足動物三葉虫類
時代：デボン紀
サイズ：長さ1.7cm
産地：福井県大野市上伊勢
母岩：灰色〜黒色石灰岩
◎まるでホタテのような尾部。（橋本標本）

青海の化石

■フェネステラ
分類：蘚虫動物隠口類
時代：石炭紀
産地：新潟県糸魚川市青海町
サイズ：幅2.5cm
母岩：灰色石灰岩
◎網目状をするコケムシ。

■フェネステラ
分類：蘚虫動物隠口類
時代：石炭紀
産地：新潟県糸魚川市青海町
サイズ：高さ9cm
母岩：灰色石灰岩
◎螺旋状に巻いていて，アルキメデスというコケムシに似ている。

■コケムシの一種
分類：蘚虫動物隠口類
時代：石炭紀
産地：新潟県糸魚川市青海町
サイズ：左右2cm
母岩：灰色石灰岩
◎細かな模様が鮮明に残っている。

■四射サンゴ
分類：腔腸動物四射サンゴ類
時代：石炭紀
産地：新潟県糸魚川市青海町
サイズ：長径5.4cm
母岩：灰色石灰岩
◎単体の四射サンゴだ。黄色く色づいて美しい。

青海の化石と群雲石

　新潟県西部の糸魚川市青海町には石炭紀の石灰岩が分布する。昔から石灰石を大規模に採石している場所で，近年はジオパークにも指定されている。たくさんの化石を産出しているが，保存が良く，種類も多いことが知られている。しかしながら，産地一帯は採石場ということもあり，立ち入りが厳しく制限され，収集活動も研究活動もあまり進んでいない。

　筆者たちは長年にわたって収集活動を続け，たくさんの化石を採集してきた。特にゴニアタイト類とムールロニアについては，多種類のものを採集し，大きな成果を挙げている。しかし，まだまだ未知の化石が眠っているものと思われ，今後，さらなる調査が期待されるところだ。

　この青海をはじめ，岐阜県の金生山，山口県の秋吉台周辺はたくさんの貴重な化石が産出するのだが，産業優先のこの国ではほとんどが工業製品となって消滅していっているのが現状だ。本当ならば，一部を天然記念物に指定して保護したり，調査地域を設けたりするべきである。貴重な化石が消滅していくのは非常に残念でならない。採石を中止せよとはいわないが，せめて自由に採集活動ができるように配慮してほしいものだ。

青海にはこのような群雲状の石が目立ち，我々は群雲石と呼んでいる。
この石は化石の固まりで，珊瑚礁そのものだ。この石からはたくさんの化石が産出し，化石採集時の目安となっている。実際にはこの地層を挟んで上下の地層のほうが保存も分離も良いようだ。

水位の下がった河原で群雲石を探す。群雲石が1つ見つかるとたくさんの化石が入っているので，大量の収穫がある。
青海川は翡翠を探す人が多く，装備が似ているので，翡翠探しと間違われることが多い。

■コニュラリア
分類：腔腸動物
時代：石炭紀　　産地：新潟県糸魚川市青海町
サイズ：長さ 2cm　　母岩：灰色石灰岩
◎鉢クラゲの仲間。

■コノカルディウム
分類：軟体動物ロストロコンク類
時代：石炭紀　　産地：新潟県糸魚川市青海町
サイズ：長さ 1.8cm　　母岩：灰色石灰岩
◎軟体動物の一種。青海からは比較的たくさん産出する。

■ストロボセラス
分類：軟体動物頭足類
時代：石炭紀　　産地：新潟県糸魚川市青海町
サイズ：長径 5.4cm　　母岩：灰色石灰岩
◎ゆる巻きのオウムガイである。（新保標本）

■ストロボセラス
分類：軟体動物頭足類
時代：石炭紀　　産地：新潟県糸魚川市青海町
サイズ：長径 5.4cm　　母岩：灰色石灰岩
◎ゆる巻きのオウムガイである。

中部・北陸 古生代

■ストロボセラスの研磨断面
分類：軟体動物頭足類	
時代：石炭紀	
産地：新潟県糸魚川市青海町	
サイズ：長径3cm	母岩：灰色石灰岩

◎ゆる巻きのオウムガイである。切断して磨いてみると，隔壁があらわれた。

■オウムガイ
分類：軟体動物頭足類	
時代：石炭紀	産地：新潟県糸魚川市青海町
サイズ：長径3.5cm	母岩：灰色石灰岩

◎ゆる巻きでやや太いオウムガイ。（葛木標本）

■直角石
分類：軟体動物頭足類	時代：石炭紀	産地：新潟県糸魚川市青海町
サイズ：長径5.4cm，長さ25cm	母岩：灰色石灰岩	

◎巨大な直角石だ。殻室の広いタイプで，この標本には8部屋しかない。

中部・北陸 古生代

■直角石
分類：軟体動物頭足類
時代：石炭紀
サイズ：径2㎝
産地：新潟県糸魚川市青海町
母岩：灰色石灰岩
◎直角石を切断して研磨してみると部屋があるのがわかる。

■直角石
分類：軟体動物頭足類
時代：石炭紀
サイズ：長さ4.3㎝
産地：新潟県糸魚川市青海町
母岩：灰色石灰岩
◎まっすぐなものを直角石、巻いているものをオウムガイと呼ぶ。

■ディアボロセラス
分類：軟体動物頭足類
時代：石炭紀
サイズ：長径5.3㎝
母岩：灰色石灰岩
産地：新潟県糸魚川市青海町
◎三角形をした古生代のアンモナイト。（新保標本）

■ディアボロセラス
分類：軟体動物頭足類
時代：石炭紀
サイズ：長径 2.3cm
産地：新潟県糸魚川市青海町
母岩：灰色石灰岩
◎三角形をした古生代のアンモナイト。分離が悪いが，三角形の形はわかるだろう。表面の肋も独特だ。

■ディアボロセラス
分類：軟体動物頭足類
時代：石炭紀
サイズ：長径 3.7cm
産地：新潟県糸魚川市青海町
母岩：灰色石灰岩
◎分離が悪いので切断してみたら，三角形をしていた。

■アガシセラス
分類：軟体動物頭足類
時代：石炭紀
サイズ：長径 1cm
産地：新潟県糸魚川市青海町
母岩：灰色石灰岩
◎石炭紀のゴニアタイトとして有名。

中部・北陸 古生代

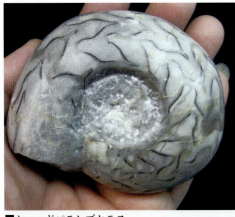
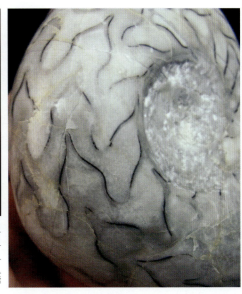

■シュードパラレゴセラス
分類：軟体動物頭足類
時代：石炭紀　　　産地：新潟県糸魚川市青海町
サイズ：長径8.3cm　母岩：灰色石灰岩
◎青海産のゴニアタイトの中では最大の大きさだ。独特の縫合線がきれいに現れた。

■シュードパラレゴセラス
分類：軟体動物頭足類
時代：石炭紀　　　産地：新潟県糸魚川市青海町
サイズ：長径5.9cm　母岩：灰色石灰岩
◎全体の形がよくわかる。（新保標本）

■シュードパラレゴセラスの断面
分類：軟体動物頭足類
時代：石炭紀　　　産地：新潟県糸魚川市青海町
サイズ：長径4cm　　母岩：灰色石灰岩
◎切断・研磨した標本。

中部・北陸 古生代

■シンガストリオセラスの断面
分類：軟体動物頭足類	
時代：石炭紀	産地：新潟県糸魚川市青海町
サイズ：長径2.4cm	母岩：灰色石灰岩

◎ヘソが深いのがわかる。縦断面。

■シンガストリオセラス
分類：軟体動物頭足類	
時代：石炭紀	産地：新潟県糸魚川市青海町
サイズ：長径3.5cm	母岩：灰色石灰岩

◎まるまるとしたゴニアタイトだ。

■ゴニアタイトの一種
分類：軟体動物頭足類	
時代：石炭紀	産地：新潟県糸魚川市青海町
サイズ：長径4.5cm	母岩：灰色石灰岩

◎平べったいタイプで密巻，ヘソは狭い。

■ゴニアタイトの一種
分類：軟体動物頭足類	
時代：石炭紀	産地：新潟県糸魚川市青海町
サイズ：長径6.2cm	母岩：灰色石灰岩

◎狭いヘソがよくわかる。（新保標本）

■ベレロフォン
分類：軟体動物腹足類
時代：石炭紀
産地：新潟県糸魚川市青海町
サイズ：長径 約0.8cm
母岩：灰色石灰岩
◎小型のベレロフォンだ。

■巻貝の一種
分類：軟体動物腹足類
時代：石炭紀
産地：新潟県糸魚川市青海町
サイズ：長径 1cm
母岩：灰色石灰岩
◎つるっとした小型の巻貝。

■巻貝の一種
分類：軟体動物腹足類
時代：石炭紀
産地：新潟県糸魚川市青海町
サイズ：高さ 1cm
母岩：灰色石灰岩
◎オキナエビス形の巻貝。

■巻貝の一種
分類：軟体動物腹足類
時代：石炭紀
産地：新潟県糸魚川市青海町
サイズ：高さ 1cm
母岩：灰色石灰岩
◎スリットがあるのでオキナエビスの仲間だ。

中部・北陸　古生代

中部・北陸 古生代

■巻貝の一種
分類：軟体動物腹足類
時代：石炭紀
サイズ：高さ2㎝
産地：新潟県糸魚川市青海町
母岩：灰色石灰岩
◎縦長の巻貝。

■巻貝の一種
分類：軟体動物腹足類
時代：石炭紀
サイズ：長径4.5㎝
産地：新潟県糸魚川市青海町
母岩：灰色石灰岩
◎ツメタガイの仲間。（新保標本）

■巻貝の一種
分類：軟体動物腹足類
時代：石炭紀
サイズ：高さ3.1㎝
産地：新潟県糸魚川市青海町
母岩：灰色石灰岩
◎縦長の巻貝。

■巻貝の一種
分類：軟体動物腹足類
時代：石炭紀
サイズ：長径1.2㎝
産地：新潟県糸魚川市青海町
母岩：灰色石灰岩
◎ユーウォンファルスのような平巻に近いタイプの巻貝。

青海のムールロニア

ムールロニアの様々な形態
ムールロニアを眺めていると，いろんなタイプがあることがわかった。形態により6つに分けてみた。

タイプ A
● 背の低いタイプで頂角が140度前後と扁平なのが特徴だ。
左：長径 3.4cm，高さ 2.5cm　右：長径 3.8cm，高さ 2.2cm

タイプ B
● カタツムリのような形状をし，頂角が約120度前後となっている。

タイプ C
● 殻頂が尖るタイプで，頂角は成長とともに約70度から120度に変化する。

タイプ D
● 標準タイプ。頂角は約80〜100度。もっともよく見られるタイプだ。

上記のタイプ A-D はスリットラインの直下に縫合線があるが，次のタイプ E と F はスリットラインと縫合線が大きく離れる。

タイプ E
● タニシのような形をしており，頂角は約70度と狭くなっていて，かなり縦長だ。

タイプ F
● E タイプより頂角が広く，より螺管断面が丸みを帯びる。頂角は80度程度だ。

A, B, C, D タイプ
スリットラインと縫合線がほとんど接する。

E, F タイプ
スリットラインと縫合線が大きく離れる。

中部・北陸 古生代

■二枚貝の一種
分類：軟体動物斧足類	
時代：石炭紀	産地：新潟県糸魚川市青海町
サイズ：長さ4.8cm	母岩：灰色石灰岩

◎ペクテンの仲間？（新保標本）

■アビキュロペクテン
分類：軟体動物斧足類	
時代：石炭紀	産地：新潟県糸魚川市青海町
サイズ：長さ2.3cm	母岩：灰色石灰岩

◎気仙沼などでもおなじみのホタテ類だ。

■ペクテンの一種
分類：軟体動物斧足類	
時代：石炭紀	産地：新潟県糸魚川市青海町
サイズ：長さ0.6cm	母岩：灰色石灰岩

◎成長線がとても美しい。雌型標本。
256頁の方法で疑似本体に写真変換。

■二枚貝の一種
分類：軟体動物斧足類	
時代：石炭紀	産地：新潟県糸魚川市青海町
サイズ：長さ1.8cm	母岩：灰色石灰岩

◎（新保標本）

■エンテレテス
分類：腕足動物有関節類
時代：石炭紀　　産地：新潟県糸魚川市青海町
サイズ：幅2.7cm　母岩：灰色石灰岩
◎ペルム紀の権現谷でも産出する種類だ。

■テレブラチュラ類
分類：腕足動物有関節類
時代：石炭紀　　産地：新潟県糸魚川市青海町
サイズ：高さ3cm　母岩：灰色石灰岩
◎大きくて保存の良い標本。

■腕足類の一種
分類：腕足動物有関節類
時代：石炭紀　　産地：新潟県糸魚川市青海町
サイズ：長さ3cm　母岩：灰色石灰岩
◎強く膨らみ、成長線が顕著。

■腕足類の一種
分類：腕足動物有関節類
時代：石炭紀　　産地：新潟県糸魚川市青海町
サイズ：長さ2cm　母岩：灰色石灰岩
◎左の標本の背殻と思われる。

中部・北陸 古生代

■スピリファー
分類：腕足動物有関節類
時代：石炭紀
産地：新潟県糸魚川市青海町
サイズ：幅4.6cm
母岩：灰色石灰岩
◎スピリファーはたくさん産出するが，大きいため，壊れていたりずれていたりして完全なものは少ない。

■腕足類の一種
分類：腕足動物有関節類
時代：石炭紀
産地：新潟県糸魚川市青海町
サイズ：長さ3cm
母岩：灰色石灰岩
◎同心円状の成長肋がある。

■腕足類の一種
分類：腕足動物有関節類
時代：石炭紀
産地：新潟県糸魚川市青海町
サイズ：長さ3cm
母岩：灰色石灰岩
◎腹殻，背殻ともに大きく膨らむ種類だ。

■いろいろなリンコネラ
分類：腕足動物有関節類
時代：石炭紀
産地：新潟県糸魚川市青海町
サイズ：大きなものの幅2.3cm
母岩：灰色石灰岩
◎いろいろなタイプが産出するが，右下の肋が1つというタイプは珍しい。

■ブラキメトプスの頭部
分類	節足動物三葉虫類	
時代:石炭紀	産地:新潟県糸魚川市青海町	
サイズ:長さ1.1㎝,幅1.5㎝	母岩:灰色石灰岩	

◎頭部の先端がへら状になっているのがわかる。(新保標本)

■ブラキメトプスの頭部
分類	節足動物三葉虫類	
時代:石炭紀	産地:新潟県糸魚川市青海町	
サイズ:長さ0.8㎝,幅1.2㎝	母岩:灰色石灰岩	

◎ブラキメトプスはめったに産出しない。

■ブラキメトプスの尾部
分類	節足動物三葉虫類	
時代:石炭紀	産地:新潟県糸魚川市青海町	
サイズ:長さ1.2㎝,幅1.3㎝	母岩:灰色石灰岩	

◎不思議なことに,ブラキメトプスの尾部は特に産出が少ない。

■カミンゲラの頭部
分類	節足動物三葉虫類	
時代:石炭紀	産地:新潟県糸魚川市青海町	
サイズ:長さ1㎝	母岩:灰色石灰岩	

◎トカゲの頭のような形をしている。

■カミンゲラの頭部
分類：節足動物三葉虫類
時代：石炭紀	産地：新潟県糸魚川市青海町
サイズ：長さ1.4cm	母岩：灰色石灰岩

◎比較的大きな標本。

■カミンゲラの頭部
分類：節足動物三葉虫類
時代：石炭紀	産地：新潟県糸魚川市青海町
サイズ：長さ1.1cm	母岩：灰色石灰岩

◎青海で初めて採集したカミンゲラの頭部標本。他の産地では見られないような立体的な産出をするのが青海の特徴だ。

■カミンゲラの尾部
分類：節足動物三葉虫類
時代：石炭紀	産地：新潟県糸魚川市青海町
サイズ：長さ1.1cm，幅1.4cm	母岩：灰色石灰岩

◎青海ではカミンゲラが多産し，1日に数個は採集できる。この標本は殻が残っている。

■防御姿勢のカミンゲラ
分類：節足動物三葉虫類
時代：石炭紀	産地：新潟県糸魚川市青海町
サイズ：幅1.5cm	母岩：灰色石灰岩

◎カミンゲラが丸まっている。頭部は出ておらず，胸部と尾部だけの標本だ。掘り進めると出てくるのかもしれない。

中部・北陸 古生代

■ウミユリのキャリックス
分類：棘皮動物ウミユリ類	
時代：石炭紀	産地：新潟県糸魚川市青海町
サイズ：高さ1.6cm	母岩：灰色石灰岩

◎柄付きのキャリックス。（新保標本）

■ウミユリのキャリックス
分類：棘皮動物ウミユリ類	
時代：石炭紀	産地：新潟県糸魚川市青海町
サイズ：高さ2cm	母岩：灰色石灰岩

◎表面のぶつぶつが少し丸っぽい。

■ウミユリのキャリックス
分類：棘皮動物ウミユリ類	
時代：石炭紀	産地：新潟県糸魚川市青海町
サイズ：径2.5cm	母岩：灰色石灰岩

◎柄の付け根が見える。

■ウミユリのキャリックス
分類：棘皮動物ウミユリ類	
時代：石炭紀	産地：新潟県糸魚川市青海町
サイズ：径1.5cm	母岩：灰色石灰岩

◎ウミユリのキャリックスはこのタイプが多い。

■ウミユリのキャリックス
分類：棘皮動物ウミユリ類
時代：石炭紀　　　産地：新潟県糸魚川市青海町
サイズ：長さ3cm　母岩：灰色石灰岩
◎平べったいタイプだ。

■ウミユリのキャリックス
分類：棘皮動物ウミユリ類
時代：石炭紀　　　産地：新潟県糸魚川市青海町
サイズ：径1.2cm　母岩：灰色石灰岩
◎あまり模様のないタイプ。

■ウミユリのキャリックス
分類：棘皮動物ウミユリ類
時代：石炭紀　　　産地：新潟県糸魚川市青海町
サイズ：長さ3cm　母岩：灰色石灰岩
◎形態は筒状をしていて，表面は蜂の巣模様をしている。

石を割ったらきれいにムールロニアが出てきた。青海の化石は比較的分離が良いのが特徴だ。ひび割れ，つぶれは仕方ないが，きれいに分離するので標本化は簡単だ。でもクリーニングは慎重に。

水屋が谷の化石

水屋が谷の展望台から見た北アルプスの絶景。福地から水屋が谷をさかのぼり、途中にある展望台から見た景色だ。遠く、槍ケ岳、奥穂高岳、焼岳が望める。化石採集の楽しみはこういう美しい景色を見られるところにもある。

■シスタウリーテス
分類：海綿動物
時代：ペルム紀
産地：岐阜県高山市奥飛騨温泉郷福地水屋が谷
サイズ：長さ3cm　　母岩：石灰質凝灰岩
◎水屋が谷では海綿類が多く産出する。（青木標本）

■スピリファー
分類：腕足動物有関節類
時代：ペルム紀
産地：岐阜県高山市奥飛騨温泉郷福地水屋が谷
サイズ：幅6cm　　母岩：石灰質凝灰岩
◎大きなスピリファーだ。

■三葉虫の一種
分類：節足動物三葉虫類
時代：ペルム紀
産地：岐阜県高山市奥飛騨温泉郷福地水屋が谷
サイズ：長さ0.8cm　　母岩：頁岩
◎水屋が谷では初となる三葉虫の標本だ。直角石が入っている石から出てきた。

ここは直角石の産地だ。水屋が谷の支流を上ってゆく。傾斜もきつくなり，谷の幅も狭くなっていく。
火山岩も多くなかなか化石は見つからないが，堆積岩を見つけると，何かしら化石が入っていることがわかる。

硬い頁岩の中に，直角石の群集が薄い層になって入っている。丸い穴は直角石が風化して溶けてできたものだ。
露頭はほとんど消滅しているので，転石を探すのが良い。これだけ固まって直角石が入っているのは，日本では珍しい。

■密集して産出する直角石

分類：軟体動物頭足類	時代：ペルム紀	産地：岐阜県高山市奥飛騨温泉郷福地水屋が谷
サイズ：石の幅13cm	母岩：硬質頁岩，凝灰岩	

◎石の色が濃くてわかりづらいが，無数の直角石が入っていて，日本ではめったにない産出だ。

根尾の化石

■群体四射サンゴ
分類：腔腸動物四射サンゴ類
時代：ペルム紀
産地：岐阜県本巣市根尾初鹿谷
サイズ：長径1cm
母岩：黒色石灰岩
◎初鹿谷ではサンゴの化石は少ないが、たまに密集したものが見つかる。

■四射サンゴ類
分類：腔腸動物四射サンゴ類
時代：ペルム紀
産地：岐阜県本巣市根尾初鹿谷
サイズ：長径1cm
母岩：黒色石灰岩
◎単体サンゴのようだ。

■ミケリニア
分類：腔腸動物床板サンゴ類
時代：ペルム紀
産地：岐阜県本巣市根尾初鹿谷
サイズ：長径5cm
母岩：黒色石灰岩
◎蜂の巣サンゴの一種だが、ペルム紀のものは宮城県の気仙沼と東和町（登米市）でしか知られていない。根尾でも産出することがわかり、大きな成果である。

■ミケリニア
分類：腔腸動物床板サンゴ類
時代：ペルム紀
産地：岐阜県本巣市根尾初鹿谷
サイズ：長径3cm
母岩：黒色石灰岩
◎まだ5個体しか見つけていないし、標本が小さいのが難点だ。

根尾のオウムガイと菊花石

　岐阜県美濃地方にある根尾谷で，オウムガイが産出していることはかねてより知られていた。僕も化石仲間である伊藤氏に標本を見せてもらって知っていた。伊藤氏の標本は分離が悪そうだということでクリーニングされておらず，僕がクリーニングに挑戦することになった。真っ黒な石灰岩に入っていて，一見分離しそうになかったのだが，意外にも比較的きれいに分離したのだ。こんなものが出るのならと僕も一度行ってみることにした。2011年の秋のことである。

　はじめは，見つかるものはベレロフォンくらいで，オウムガイは見つからなかったのだが，橋本氏や新保氏は僕の目の前でいいものを見つけていた。翌2012年の4月になり，とうとう僕もオウムガイが見つかったのである。それが次のページに展示している標本で，見事に縫合線が現れた特一級品のオウムガイだったのだ。それ以後目が慣れたのか，行くたびに見つかり，今日までの約2年半で，71個のオウムガイを見つけることができた。

　また，特筆すべきことは，同じ場所から菊花石がかなり見つかったことだ。菊花石は凝灰岩の中に霰石が菊の花状に結晶して見つかるものである。ところが，僕が見つけたものは石灰岩中で，その中の泥状の部分に生成しているものであった。この泥というのは，火山灰であって，その中で塵を核にしてカルシウムが結晶化したものということが推測できる。多様な形態があり，天然記念物に指定されている本来の「菊花石」とは違い，ある意味で興味深いものである。

初鹿谷で新たに見つかった「菊花石」のいろいろ。結晶の仕方が様々だ。

■ファコセラス

分類：軟体動物頭足類	時代：ペルム紀	産地：岐阜県本巣市根尾初鹿谷
サイズ：長径7cm	母岩：黒色石灰岩	

◎筆者が初めて見つけた標本で，質的には特一級品と呼べる標本だ。
右は風化断面で，これで見つかった。部屋の中に泥が入りこみ，そのおかげで縫合線がきれいに見えるようだ。

■ファコセラス

分類：軟体動物頭足類	時代：ペルム紀	産地：岐阜県本巣市根尾初鹿谷
サイズ：長径11cm	母岩：黒色石灰岩	

◎殻が残っているので，殻表の細かな模様も確認できる。

中部・北陸 古生代

■ ファコセラスの断面いろいろ
分類：軟体動物頭足類	時代：ペルム紀	産地：岐阜県本巣市根尾初鹿谷
サイズ：長径 9-11cm	母岩：黒色石灰岩	

◎このような断面を手がかりに探す。左下は研磨面で、黒い点は連室細管である。つぶれていることが多い。

■ ドマトセラス
分類：軟体動物頭足類	
時代：ペルム紀	産地：岐阜県本巣市根尾初鹿谷
サイズ：長径 9.5cm	母岩：黒色石灰岩

◎ファコセラスの螺巻断面が尖っているのに対して、この標本は丸みを帯びていて少し違うようだ。

■ ドマトセラスの研磨面
分類：軟体動物頭足類	
時代：ペルム紀	産地：岐阜県本巣市根尾初鹿谷
サイズ：長径 9cm	母岩：黒色石灰岩

◎曲面研磨してみたので見づらいが、住房と気室の様子がわかる。

■セーロガステロセラスの一種

分類：軟体動物頭足類	
時代：ペルム紀	産地：岐阜県本巣市根尾初鹿谷
サイズ：長径5.5cm	母岩：黒色石灰岩

◎ヘソの狭い密巻のオウムガイ。（新保標本）

■セーロガステロセラスの一種

分類：軟体動物頭足類	
時代：ペルム紀	産地：岐阜県本巣市根尾初鹿谷
サイズ：長径7.7cm	母岩：黒色石灰岩

◎ヘソの狭い密巻のオウムガイ。

 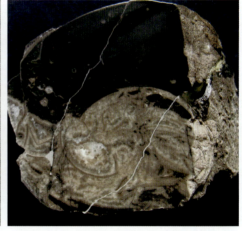

■セーロガステロセラスの一種

分類：軟体動物頭足類	時代：ペルム紀	産地：岐阜県本巣市根尾初鹿谷
サイズ：長径10cm	母岩：黒色石灰岩	

◎ヘソの狭い密巻のオウムガイ。圧力のせいで，隔壁が内部で壊れているのがわかる。

中部・北陸 古生代

■ベレロフォン

分類：軟体動物腹足類	時代：ペルム紀	産地：岐阜県本巣市根尾初鹿谷
サイズ：長径2.5cm	母岩：黒色石灰岩	

◎根尾の化石は分離が悪いのが普通だが，このようにきれいに分離するものもある。（新保標本）

■ベレロフォン

分類：軟体動物腹足類
時代：ペルム紀	産地：岐阜県本巣市根尾初鹿谷
サイズ：長径3cm程度	母岩：黒色石灰岩

◎根尾の初鹿谷では，小型のベレロフォンが特に目立つ。

根尾の初鹿谷の途中にある大きな沢が産地だ。この周辺からはたくさんの化石が産出する。
特に，ベレロフォン，オウムガイがたくさん産出することが特徴的だ。

中部・北陸 古生代

■マーチソニアの一種
分類：軟体動物腹足類	
時代：ペルム紀	産地：岐阜県本巣市根尾初鹿谷
サイズ：高さ8cm	母岩：黒色石灰岩

◎根尾のマーチソニアは体層が角張っているのが特徴だ。

■マーチソニアの一種
分類：軟体動物腹足類	
時代：ペルム紀	産地：岐阜県本巣市根尾初鹿谷
サイズ：高さ7.5cm	母岩：黒色石灰岩

◎分離は悪いほうだが，丁寧にクリーニングすれば，少しは分離するようだ。

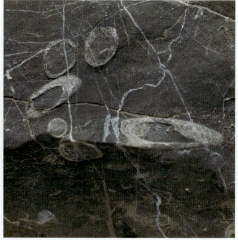

■オキナエビス
分類：軟体動物腹足類	
時代：ペルム紀	産地：岐阜県本巣市根尾初鹿谷
サイズ：高さ1.6cm	母岩：黒色石灰岩

◎スリットのようなものが確認できる。

■デンタリウム
分類：軟体動物掘足類	
時代：ペルム紀	産地：岐阜県本巣市根尾初鹿谷
サイズ：径0.7cm	母岩：黒色石灰岩

◎根尾では金生山と同じような種類の化石が産出する。

■腕足類の一種
分類：腕足動物有関節類
時代：ペルム紀　産地：岐阜県本巣市根尾初鹿谷
サイズ：左右3.5cm　母岩：黒色石灰岩
◎根尾では大きな種類だ。

■テレブラチュラ類
分類：腕足動物有関節類
時代：ペルム紀　産地：岐阜県本巣市根尾初鹿谷
サイズ：高さ1cm　母岩：黒色石灰岩
◎根尾ではこの手の腕足類がいちばん多い。密集して産出することも多い。

■ウニの棘
分類：棘皮動物ウニ類
時代：ペルム紀　産地：岐阜県本巣市根尾初鹿谷
サイズ：棘の長さ3cm　母岩：黒色石灰岩
◎比較的細い棘が散らばっている。

■ウニの殻縁板
分類：棘皮動物ウニ類
時代：ペルム紀　産地：岐阜県本巣市根尾初鹿谷
サイズ：殻縁板の径0.5cm　母岩：黒色石灰岩
◎棘のくっつくところだ。

中部・北陸 古生代

■魚類の歯？群集
分類：脊椎動物軟骨魚類？	
時代：ペルム紀	産地：岐阜県本巣市根尾初鹿谷
サイズ：長径1.5cm	母岩：黒色石灰岩

◎たくさんの歯のようなものが積み重なっている。エイの歯にはこのようなものが見られる。

■魚類の歯
分類：脊椎動物硬骨魚類	
時代：ペルム紀	産地：岐阜県本巣市根尾初鹿谷
サイズ：長径0.1cm	母岩：黒色石灰岩

◎小さいので見つけるのは大変だ。

■ミッチア
分類：菌藻植物緑藻類	
時代：ペルム紀	
産地：岐阜県本巣市根尾初鹿谷	
サイズ：個体の大きさ：径0.1cm程度	母岩：黒色石炭岩

◎密集した化石が多いが、金生山のようにきれいに風化したものはない。

■藻類
分類：藻類？	
時代：ペルム紀	
産地：岐阜県本巣市根尾初鹿谷	
サイズ：長径2.5cm	母岩：黒色石灰岩

◎藻類の化石だろうか。巻貝などを取り巻いているものもある。

金生山の化石

金生山の化石と青木標本

　化石のメッカといわれたり，地質学の発祥の地とも呼ばれたりしている金生山。岐阜県大垣市赤坂町の北側にある小さな山だ。合併前は不破郡赤坂町に属していて，中山道の宿場町にもなっていた。全山がペルム紀の石灰岩でできていて，昔からたくさんの化石が産出することで有名だ。
　筆者の友人だった青木靖雄氏は，岐阜市に在住していて，暇を見つけては金生山に通い続け，たくさんの化石を採集してきた。化石を始めるのが少々遅かったものの，それでも地の利を生かし，たくさんの成果を得てきた。もともと岐阜県警で鑑識の仕事をしていたせいもあってか，クリーニングや整理はうまくできていたようだ。鑑識では写真班に属し，写真撮影には少しうるさかった。残念ながら，2011年秋に他界され，良き友人を亡くして寂しい思いである。青木さんとは2000年の春に金生山で知りあい，意気投合していろんな所にご一緒した。東北，能登，福地，紀伊半島，横倉山など，たくさんの思い出が蘇る。故人をしのび，ここに化石の一部を紹介する。

■四射サンゴの一種
分類：腔腸動物四射サンゴ類
サイズ：幅7cm
母岩：灰色石灰岩

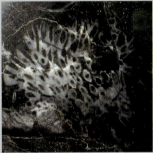

■シリンゴポーラ
分類：腔腸動物床板サンゴ類
サイズ：幅5cm
母岩：黒色石灰岩
◎パイプ状の床板サンゴだ。研磨面。

■シリンゴポーラ
分類：腔腸動物床板サンゴ類
サイズ：幅8cm
母岩：黒色石灰岩
◎左と同じものの風化面。

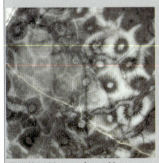

■群体四射サンゴの一種
分類：腔腸動物四射サンゴ類
サイズ：幅6cm
母岩：灰色石灰岩
◎ペルム紀では密着した群体四射サンゴは珍しい。

■海綿類
分類：海綿動物
サイズ：長さ2.7cm
母岩：灰色石灰岩
◎泡嚢状の海綿類で，金生山ではよく見るタイプだ。

■海綿類
分類：海綿動物
サイズ：長さ3cm
母岩：灰色石灰岩
◎大きな部屋が数個つながるタイプだ。

中部・北陸 古生代

■セーロガステロセラス・ギガンティウム
分類：軟体動物頭足類
サイズ：長径 14㎝
母岩：黒色石灰岩
◎大きなオウムガイだ。少し欠けているが、まっすぐな縫合線が見てとれる。

■ゴニアタイト
分類：軟体動物頭足類
サイズ：長径 0.9㎝
母岩：灰色石灰岩
◎金生山では珍しいアンモナイトだ。

■バトロトマリア
分類：軟体動物頭足類
サイズ：高さ 14㎝
母岩：黒色石灰岩
◎オキナエビスの仲間だ。大変大きなものだ。

■ラハ・ヤベイ
分類：軟体動物腹足類
サイズ：長さ 17㎝
母岩：黒色石灰岩
◎かつてはマーチソニア・ヤベイと呼ばれていた。

■ラハ・ヤベイ
分類：軟体動物腹足類
サイズ：長さ 10㎝
母岩：黒色石灰岩
◎適度に風化して、表面の模様が良く見える。

■ベレロフォン
分類：軟体動物腹足類
サイズ：長径 10㎝
母岩：黒色石灰岩
◎金生山の代名詞になっている化石だ。

■ナチコプシス
分類：軟体動物腹足類
サイズ：長径 3㎝
母岩：黒色石灰岩
◎ツメタガイのような形をしている。横には蓋がついている。

■マーチソニア
分類：軟体動物腹足類
サイズ：幅 8㎝
母岩：黒色石灰岩
◎マーチソニアが密集する。

中部・北陸 古生代

■パラレロドン
分類：軟体動物斧足類
サイズ：長さ4.1cm
母岩：黒色石灰岩
◎フネガイに近い二枚貝だ。

■二枚貝の一種
分類：軟体動物斧足類
サイズ：長さ3.5cm
母岩：黒色石灰岩
◎左右殻。

■二枚貝の一種
分類：軟体動物斧足類
サイズ：長さ3.3cm
母岩：黒色石灰岩
◎成長肋が発達する。

■アルーラ・エレガンティシマ
分類：軟体動物斧足類
サイズ：長さ17.5cm　母岩：黒色石灰岩
◎かつてはゾレノモルファと呼ばれていた大型二枚貝。

■二枚貝の一種
分類：軟体動物斧足類
サイズ：長さ8cm　母岩：黒色石灰岩
◎大きな二枚貝だ。

■デンタリウム
分類：軟体動物掘足類
サイズ：長さ8cm程度　母岩：黒色石灰岩
◎密集化石は迫力がある。

■クリノイド
分類：棘皮動物ウミユリ類
サイズ：長さ10cm　母岩：灰色石灰岩
◎きれいに風化し、たくさんの枝が出ているのがわかる。

中部・北陸 古生代

■カクベレ
分類：軟体動物腹足類
時代：ペルム紀　産地：岐阜県大垣市赤坂町金生山
サイズ：長さ3cm　母岩：黒色石灰岩
◎通称カクベレと呼ばれているベレロフォンだ。(橋本標本)

■巻貝の蓋
分類：軟体動物腹足類
時代：ペルム紀　産地：岐阜県大垣市赤坂町金生山
サイズ：長さ3cm　母岩：黒色石灰岩
◎ナチコプシスの蓋と思われる。

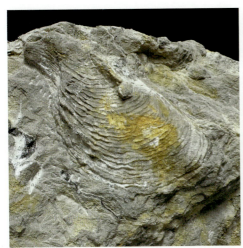

■ワーゲノペルナ
分類：軟体動物斧足類
時代：ペルム紀　産地：岐阜県大垣市赤坂町金生山
サイズ：長さ3.3cm　母岩：黒色石灰岩
◎同心円状の成長肋が顕著。

■プロダクタス
分類：腕足動物有関節類
時代：ペルム紀　産地：岐阜県大垣市赤坂町金生山
サイズ：幅1.5cm　母岩：灰色石灰岩
◎灰色石灰岩からは腕足類も多い。プロダクタスはたくさんの棘を持っている。

貝皿・小和清水の化石

■異常巻きアンモナイトの一種
分類：軟体動物頭足類
時代：ジュラ紀　産地：福井県大野市貝皿
サイズ：長径4cm　母岩：頁岩
◎貝皿では珍しい異常巻きのアンモナイトだ。(橋本標本)

■シュードニューケニセラス
分類：軟体動物頭足類
時代：ジュラ紀　産地：福井県大野市貝皿
サイズ：長径5.7cm　母岩：頁岩
◎貝皿ではいちばん多い種類だ。

■ベレムナイト
分類：軟体動物頭足類
時代：ジュラ紀　産地：福井県大野市貝皿
サイズ：長さ5cm　母岩：頁岩
◎フラグモコーンと呼ばれる部分も見える。

貝皿の林道沿いの露頭だ。砂防ダムの工事の際には、たくさんの化石が産出した。今では採集は難しくなった。

■ラペット付きのアンモナイト
分類:軟体動物頭足類
時代:ジュラ紀　産地:福井県大野市貝皿
サイズ:長径3cm　母岩:頁岩
◎ラペットがついている。

■イノセラムス
分類:軟体動物斧足類
時代:ジュラ紀　産地:福井県大野市貝皿
サイズ:長さ2.7cm　母岩:頁岩
◎貝皿では二枚貝は少ない。

■バイエラ
分類:裸子植物イチョウ類
時代:ジュラ紀　産地:福井県福井市小和清水町
サイズ:長さ4cm　母岩:砂質頁岩
◎イチョウの祖先の葉だ。

■シダ類
分類:シダ植物
時代:ジュラ紀　産地:福井県福井市小和清水町
サイズ:長さ7cm　母岩:頁岩
◎シダ類と思われる。

松山谷の化石

■モディオルス
分類：軟体動物斧足類	
時代：白亜紀	産地：岐阜県高山市荘川町松山谷
サイズ：長さ6cm	母岩：頁岩

◎イガイの仲間だ。(橋本標本)

松山谷の産地だ。この崖では二枚貝が産出するが、少し離れた場所ではアンモナイトも産出する。

■トラキア
分類：軟体動物斧足類	
時代：白亜紀	産地：岐阜県高山市荘川町松山谷
サイズ：長さ4cm	母岩：頁岩

◎(橋本標本)

■テトリマイヤ
分類：軟体動物斧足類	
時代：白亜紀	産地：岐阜県高山市荘川町松山谷
サイズ：長さ4cm	母岩：頁岩

◎化石は普通に産出するがたいてい変形している。

豊科の化石

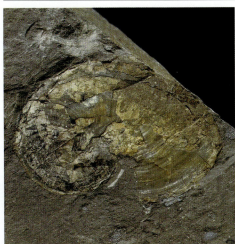

■タコブネ
分類：軟体動物頭足類
時代：第三紀中新世　産地：長野県安曇野市豊科田沢中谷
サイズ：長径 4.2㎝　母岩：泥岩
◎珍しいタコブネの化石だ。（柳澤標本）

■エンコウガニ
分類：節足動物甲殻類
時代：第三紀中新世　産地：長野県安曇野市豊科田沢中谷
サイズ：長さ 3㎝　母岩：泥質ノジュール
◎　（新保標本）

■魚の一種
分類：脊椎動物硬骨魚類
時代：第三紀中新世
産地：長野県安曇野市豊科
サイズ：長さ 4㎝　母岩：頁岩
◎少し見づらいが小さな魚である。（青木標本）

■獣骨
分類：脊椎動物
時代：第三紀中新世
産地：長野県安曇野市豊科田沢中谷
サイズ：長さ 長いもので 7.5㎝　母岩：泥岩
◎完全ではないが，いくつもの獣骨がかたまって産出した。

可児の化石

■ビーバーの左下顎骨

分類：脊椎動物哺乳類	時代：第三紀中新世	産地：岐阜県可児市土田木曽川左岸
サイズ：長さ8cm	母岩：砂質泥岩	

◎左下は臼歯。右下は切歯で，顎を貫いて生えている。写真は根元のほう。先端は欠けている。（松橋標本）

木ノ浦の化石

■松ぼっくり
分類：裸子植物毬果類
時代：第三紀中新世　産地：石川県珠洲市木ノ浦
サイズ：長さ5.9cm　母岩：泥岩
◎雌型標本だが，256頁の方法で疑似本体に写真変換。

■コンプトニフィルム（ナウマンヤマモモ）
分類：被子植物双子葉類
時代：第三紀中新世　産地：石川県珠洲市木ノ浦
サイズ：長さ8cm　母岩：泥岩
◎ナウマンヤマモモは台島植物群を代表する植物である。たくさん採れるが，なかなか完品は採れない。

■アーサー
分類：被子植物双子葉類
時代：第三紀中新世　産地：石川県珠洲市木ノ浦
サイズ：長さ1cm　母岩：泥岩
◎カエデの種子だ。写真は1枚の雌型と雄型の標本だが，本来はこれが2枚連結していて，万歳の形をしている。2枚連結したものもたまに産出するが，たいていこのように分離して1枚で産出する。

■実のついた枝・葉
分類：被子植物双子葉類
時代：第三紀中新世　産地：石川県珠洲市木ノ浦
サイズ：上下3.5cm　母岩：泥岩
◎葉柄のあたりに実がくっついている。

関野鼻の化石

■ムカシチサラガイ
分類：軟体動物斧足類
時代：第三紀中新世
産地：石川県羽咋郡志賀町関野鼻
サイズ：長さ8cm，高さ9cm　母岩：シルト
◎ロッククライミングで採集した標本。次頁参照。
両殻で、しかも大きな完品だった。

■シャクシガイ
分類：軟体動物斧足類
時代：第三紀中新世
産地：石川県羽咋郡志賀町関野鼻
サイズ：長さ2.2cm　母岩：泥質砂岩
◎ひしゃくのような形をした二枚貝。

■ムカシチサラガイ
分類：軟体動物斧足類
時代：第三紀中新世
産地：石川県羽咋郡志賀町関野鼻
サイズ：長さ7.4cm，高さ8.2cm　母岩：シルト
◎両殻完品標本。

■オオハネガイ
分類：軟体動物斧足類
時代：第三紀中新世
産地：石川県羽咋郡志賀町関野鼻
サイズ：長さ14.5cm　母岩：泥質砂岩
◎とても大きなオオハネガイだ。場所によってはこういうものも産出する。

ロッククライミングで化石を採集する

　2007年の秋，ムカシチサラガイの化石が関野鼻の崖の上に張りついているのを見つけた。
　場所が場所だけに採れるものではないとあきらめていたが，放っておけば風化が進み，いずれは粉々になって消滅するのは明らかで，大変もったいない話である。
　何とかできないものかと考え，ザイルや下降器，登高器を使えば採集できるのではないかと考え，挑戦することを決意した。
　約4万円をかけて必要な装備をすべてそろえ，綿密なシミュレーションをして，満を持して採集に臨んだ。その結果，1時間もかからずに採集は成功した。殻高9cm，両殻の完品だった。少々高くついたし，少し怖い目にもあったが，ムカシチサラガイはこうやって救われたのである。

ムカシチサラガイの産状。こんな形で崖の中に張りついていた。

矢印の向こう側が現場だ。上から下まで約20メートルある。
点線右側の手すりにザイルをくくりつけ，矢印の所から真下に降下した。

幾分腰が引けている感じがする。

左側はオーバーハングになっているから怖い。

やっかいなことに化石は岩盤の端っこにある。
悪い足場に悪戦苦闘。左足が……。

●ザイル

●登高器とスリング

●クイックドロー

●ハーネス

■すべてをつなぎあわせたところ
登高器は下に引っ張るとザイルが締まり固定される。（上には動かせる）下降器を使うとザイルとの摩擦でゆっくり降りられる。

●エイト環（下降器）

■ザイルにぶら下がる
垂直と言うほどの傾斜ではないが，それでも下を見ると足がすくむ思いだった。

八尾の化石

中部・北陸 新生代

■ビカリア
分類：軟体動物腹足類
時代：第三紀中新世
産地：富山県富山市八尾町柚木
サイズ：高さ9cm
母岩：泥岩
◎少し変形しているが,場所によってはまともなものも採れるようだ。

■ビカリア
分類：軟体動物腹足類
時代：第三紀中新世
産地：富山県富山市土
サイズ：高さ8cm
母岩：泥岩
◎土ではたくさんのビカリアが採集できるが,非常にもろいのが難点だ。

■カケハタアカガイ
分類：軟体動物斧足類
時代：第三紀中新世
産地：富山県富山市八尾町柚木
サイズ：長さ4.5cm
母岩：泥岩
◎両殻のまずまずの標本だ。

■カニ
分類：節足動物甲殻類
時代：第三紀中新世
産地：富山県富山市八尾町柚木
サイズ：長さ3cm
母岩：泥岩
◎雄のおなか。（新保標本）

七尾の化石

■モニワカガミホタテ（左殻，右殻［両殻標本］）

分類：軟体動物斧足類	時代：第三紀中新世	産地：石川県七尾市白馬町
サイズ：長さ 11.5cm，高さ 11.2cm	母岩：真砂	

◎大きくなるカガミホタテだ。肋は幅広く粗い。

■カガミホタテ（左殻，右殻［両殻標本］）

分類：軟体動物斧足類	時代：第三紀中新世	産地：石川県七尾市白馬町
サイズ：長さ 8cm，高さ 7.6cm	母岩：真砂	

◎肋の数が多い。

時空を超えた貝合わせ

鬼丸のストラパロルスの奇跡もすごかったけれど，七尾でもすごい奇跡が起こった。

平安時代の宮中の遊びに，「貝合わせ」というものがあった。伊勢湾産ハマグリの内側に絵を描き，神経衰弱のように絵合わせをするというものだ。

石川県七尾市で採集したナナオニシキをクリーニングし，左右別に大きなものから順番に並べてみた。そして左右ともにいちばん大きな殻（9.2cm）を「貝合わせ」のごとく，試しに合致させてみた。このような作業は何度も経験済みなのだが，もちろん，ぴったりとくっつくわけがない……はずだった。多少大きさが違っていたり，運良く大きさがぴったりだったとしても，横に長かったり縦に長かったりと，何となくがたがたとしてきれいには合わないものだ。ところが，この組み合わせはやけにぴったりなのである。なぜ？と思いながら，殻の周縁部のジグザグをよく見てみると，完璧に一致するのだ。そう，これは一個体の離ればなれになった左右殻だったのである。

この七尾市の産地では，ホタテやニシキガイが化石床をなしてたくさん産出する。こういった産状は通常，「異地性」といって，遠くから流されてきて堆積したとされる。そして，まず100％が左右の貝殻が別々に産出するものである。

化石床というものは通説の通り，遠くから運ばれてきて堆積したものと解釈していたが，ここではそんなに遠くではなく，生息地からごく近い場所，あるいはその場所で堆積したものだということがわかる。つまり，「異地性」ではなく，「現地性」だったのだ。だからこそ，このような奇跡が起こったのである。何度も採集に行き，明らかに別々に採集したものであり，現場では合弁のものはまったく採集していないのだ。ちょっと体がふるえるような出来事で，とても興奮した。

ストラパロルスは，数十年前の採石中に母岩が割れ，その母岩の中から別々に採集したものが3年後に合わさったという奇跡だったが，これは1500万年前に離ればなれになり，2010年のこの現代に再び合わさったという時空を超えた壮大な奇跡なのだ。

中部・北陸　新生代

左右ともに大きく膨らむ。

高さ 9.2cm，幅 9cm
ナナオニシキとしては最大級に近い大きさだ。

噛み合わせが見事に合致した。

■ナナオニシキ（左殻，右殻［両殻標本］）

分類：軟体動物斧足類	時代：第三紀中新世	産地：石川県七尾市白馬町
サイズ：長さ9cm，高さ9.2cm	母岩：真砂	

◎ナナオクラミス，ノトキンチャクとも呼ばれていて，七尾の化石では有名だ。左右両殻とも強く膨らむ。

■イワヤニシキ（左殻）

分類：軟体動物斧足類		
時代：第三紀中新世	産地：石川県七尾市白馬町	
サイズ：長さ5cm，高さ5.3cm	母岩：真砂	

◎産出数は少ない。

■イワヤニシキ（右殻）

分類：軟体動物斧足類		
時代：第三紀中新世	産地：石川県七尾市白馬町	
サイズ：長さ4.5cm，高さ4.8cm	母岩：真砂	

◎耳が長いので壊れやすい。

■ナトリホソスジホタテ（左殻）

分類：軟体動物斧足類	
時代：第三紀中新世	産地：石川県七尾市白馬町
サイズ：長さ 8.2cm、高さ 8.5cm	母岩：真砂

◎殻が薄く壊れやすい。

■ナトリホソスジホタテ（右殻）

分類：軟体動物斧足類	
時代：第三紀中新世	産地：石川県七尾市白馬町
サイズ：長さ 5cm、高さ 5.6cm	母岩：真砂

◎殻表はなめらかだ。

■ニシキガイの一種（右殻）

分類：軟体動物斧足類	
時代：第三紀中新世	産地：石川県七尾市白馬町
サイズ：長さ 2.8cm、高さ 2.9cm	母岩：真砂

◎あまり見ない種類だ。

■イトカケガイ

分類：軟体動物腹足類	
時代：第三紀中新世	産地：石川県七尾市白馬町
サイズ：高さ 2.5cm	母岩：真砂

◎巻貝と言えばこれくらいだ。

中部・北陸 新生代

■グウルドチョウチンガイ
分類：腕足動物有関節類
時代：第三紀中新世　　産地：石川県七尾市白馬町
サイズ：幅 3.3cm，高さ 3.6cm　母岩：真砂
◎比較的大きな種類。

■タテスジホウズキガイ
分類：腕足動物有関節類
時代：第三紀中新世　　産地：石川県七尾市白馬町
サイズ：幅 2.6cm，高さ 2cm　母岩：真砂
◎縦にしっかりとした肋が見られる。

■ホウズキガイの一種
分類：腕足動物有関節類
時代：第三紀中新世　　産地：石川県七尾市白馬町
サイズ：幅 1.9cm，高さ 2.6cm　母岩：真砂
◎小型の腕足類でたくさん産出する。

■エチゴチョウチンガイ
分類：腕足動物有関節類
時代：第三紀中新世　　産地：石川県七尾市白馬町
サイズ：幅 1.2cm，高さ 1.5cm　母岩：真砂
◎小型の腕足類で縦に肋が走る。

中部・北陸 新生代

■イスルス・ハスタリス
分類：脊椎動物軟骨魚類
時代：第三紀中新世
産地：石川県七尾市白馬町
サイズ：高さ2.7cm
母岩：真砂
◎アオザメの一種。

■ガレオセルドウ
分類：脊椎動物軟骨魚類
時代：第三紀中新世
産地：石川県七尾市白馬町
サイズ：幅0.8cm
母岩：真砂
◎どう猛なイタチザメ。

■カルカロクレス・メガロドン
分類：脊椎動物軟骨魚類
時代：第三紀中新世
産地：石川県七尾市岩屋町
サイズ：幅1.7cm
母岩：真砂
◎ムカシホオジロザメの一種。(松橋標本)

■イスルス
分類：脊椎動物軟骨魚類
時代：第三紀中新世　　産地：石川県七尾市白馬町
サイズ：高さ2.2cm　　母岩：真砂
◎アオザメの一種。

■イスルス・プラヌス
分類：脊椎動物軟骨魚類
時代：第三紀中新世　　産地：石川県七尾市白馬町
サイズ：高さ2cm　　母岩：真砂
◎アオザメの一種。

■イスルス
分類：脊椎動物軟骨魚類
時代：第三紀中新世　　産地：石川県七尾市白馬町
サイズ：高さ2.2cm　　母岩：真砂
◎アオザメの一種。

■カルカリヌス
分類：脊椎動物軟骨魚類
時代：第三紀中新世　　産地：石川県七尾市白馬町
サイズ：幅1.2cm　　母岩：真砂
◎メジロザメの一種。

掛川・袋井の化石

■クルマガイ
分類：軟体動物腹足類
時代：第三紀鮮新世　産地：静岡県掛川市下垂木飛鳥
サイズ：長径 3.6cm　母岩：砂泥岩
◎（新保標本）

■イボキサゴ
分類：軟体動物腹足類
時代：第三紀鮮新世　産地：静岡県掛川市下垂木飛鳥
サイズ：長径 2cm　母岩：砂泥岩

■アクキガイの一種
分類：軟体動物腹足類
時代：第三紀鮮新世　産地：静岡県掛川市下垂木飛鳥
サイズ：高さ 3.9cm　母岩：砂泥岩
◎ホネ貝の仲間だ。

■トカシオリイレボラ
分類：軟体動物腹足類
時代：第三紀鮮新世　産地：静岡県袋井市宇刈大日
サイズ：高さ 5.8cm　母岩：砂泥岩

中部・北陸 新生代

■ダイニチバイ
分類：軟体動物腹足類
時代：第三紀鮮新世　産地：静岡県掛川市下垂木飛鳥
サイズ：高さ5.4cm　母岩：砂泥岩

■ヤグラモシオ
分類：軟体動物斧足類
時代：第三紀鮮新世　産地：静岡県掛川市下垂木飛鳥
サイズ：長さ5.5cm　母岩：砂泥岩
◎モシオガイの仲間はとても殻が厚い。他の産地ではあまり見ない貝類だ。

■ハナガイ
分類：軟体動物斧足類
時代：第三紀鮮新世　産地：静岡県掛川市下垂木飛鳥
サイズ：長さ2.4cm　母岩：砂泥岩

■キヌタアゲマキ
分類：軟体動物斧足類
時代：第三紀鮮新世　産地：静岡県掛川市下垂木飛鳥
サイズ：長さ3.8cm　母岩：砂泥岩

飛鳥の産地で採集する。いろんな化石が出てくるので、フルイを持って行くとサメの歯なども採集できる。

■メジロザメ

分類：脊椎動物軟骨魚類	
時代：第三紀鮮新世	産地：静岡県掛川市下垂木飛鳥
サイズ：幅2.2cm	母岩：砂泥岩

◎とても大きなメジロザメ。フルイを使って採集。

■トビエイ

分類：脊椎動物軟骨魚類	
時代：第三紀鮮新世	産地：静岡県掛川市下垂木飛鳥
サイズ：幅4cm	母岩：砂泥岩

◎下が咬合面。（新保標本）

■ネコザメ

分類：脊椎動物軟骨魚類	
時代：第三紀鮮新世	産地：静岡県掛川市下垂木飛鳥
サイズ：幅1.3cm	母岩：砂泥岩

◎ネコザメの歯。（新保標本）

築地書館ニュース | 自然科学と環境

TSUKIJI-SHOKAN News Letter

〒104-0045　東京都中央区築地7-4-4-201　TEL 03-3542-3731　FAX 03-3541-5799

ホームページ http://www.tsukiji-shokan.co.jp/

◎ご注文は、お近くの書店または直接上記発売先まで（発送料200円）

古紙100%再生紙、大豆インキ使用

《ネイチャー・ノンフィクション》

排泄物と文明

D. ウォルトナー＝テーブズ[著] 片岡夏実[訳]

2200円＋税

フンコロガシから有機農業、春からの発明、バンデミックまで

「うんち」と「科学」の語源は同じ！　下肥と現代農業、大規模畜産とパンデミック、現代からトイレ事情まで、あらゆる排泄物を知りつくした獣医・疫学者が語る。

排泄物と文明

馬の自然誌

J.E. チェンバレン[著] 屋代通子[訳]

2000円＋税

人間社会の始まりから、馬は特別な動物だった。生物学、人類学、考古学、民俗学、

ミクロの森　1㎡の原生林が語る生命・進化・地球

D.G. ハスケル[著] 三木直子[訳]

2800円＋税

様々な生き物たちが織り成す小さな自然から見えてくる遺伝、進化、生態系、地球、そして森の真実。原生林の1㎡の地面から、深遠なる自然へと誘なう。

母なる自然があなたを殺そうとしている

ダン・リスキン[著] 小山重郎[訳]

2200円＋税

数十年もの間、人体の中で生き続ける線虫、脂肪で生まれる前の姉妹を食い殺す

《環境の本》

緑のダムの科学 減災・森林・水循環
蔵治光一郎＋保屋野初子［編］ 2800円＋税
流域圏における「緑のダム」づくりの科学的理論と実践事例を、第一線の研究者15名が解説。

雑草社会がつくる日本らしい自然
根本正之［著］ 2000円＋税
雑草の生活様式、拡大戦略、再生のメカニズムや雑草社会の仕組みを解き明かす。「日本らしい自然」再生プロジェクトを紹介。

富士山噴火の歴史
万葉集から現代まで
都司嘉宣［著］ 2400円＋税
火山である富士山はいつから今の姿になったのか。在りし日の富士山を追う。

草地と日本人
日本列島草原1万年の旅
須賀丈＋岡本透＋丑丸敦史［著］ 2000円＋税
半自然草地・草原の生態を、絵画、考古

《大好評、先生！シリーズ》

先生、ワシがシジュウカラと取っ組み合いのケンカをしています！

黒ヤギ、ゴマはビール箱を被って草を食べ、コパヤシ教授かな大学でツバメに襲われ全力疾走。自然豊かな大学を舞台に起こる動物と人間をめぐる事件を人間動物行動学の視点で描く。

先生、大型野獣がキャンパスに侵入しました！
先生、キジがヤギに縄張り宣言しています！
先生、モモンガの風呂に入ってください！
先生、カエルが脱皮してその皮を食べています！
先生、子リスたちがイタチを攻撃しています！
先生、シマリスがヘビの頭をかじっています！
先生、巨大コウモリが廊下を飛んでいます！

小林朋道［著］ 各1600円＋税

《人体の本》

エコな力で起業したドイツ・シェーナウ村と私たち
[原発をやめる100の理由] 日本版制作委員会 [著]
西尾漠 [監修] ○3刷 1200円+税

原子力のない未来に向かう希望の本。

ドイツ林業と日本の森林
岸修司 [著] ○2刷 2400円+税

産業として成り立つ林業経営システムで世界をリードし、ドイツ経済を牽引するドイツ林業の最新リポート。

バイオマス本当の話
持続可能な社会に向けて
泊みゆき [著] ○3刷 1800円+税

バイオマスの適切な利用と持続可能な社会への道筋を示す本。

土壌物理学
W. ジュリー + R. ホートン [著] 取出伸夫 [監訳]
○3刷 4200円+税

土中の物質移動の基礎理論を、多くの例題を通して、体系的に学ぶ。『SOIL PHYSICS』の改訂第6版。

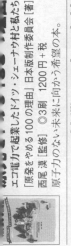

《農業の本》

脳と人体探求
笹山雄一 [著] 2200円+税

現代にまで続く人体探求の歴史から、iPS細胞が開く難病治療の道など、人体の進化と最新の知見に触れられる一冊。

人体の不思議を解明しようとした人々の奮闘努力は、さまざまだった。脳や皮膚、筋肉などを取り上げ、最新の知見も満載。

農で起業する！ 脱サラ農業のススメ
杉山経昌 [著] ○27刷 1800円+税

農業はビクトリーエイティーンで楽しい仕事はない! 外資系サラリーマンから転じた専業農家が書いた本。

土の文明史
ローマ帝国、マヤ文明を滅ぼし、米国、中国を衰退させる土の話
D. モントゴメリー [著] 片岡夏実 [訳]
○8刷 2800円+税

土から歴史を見ることで、社会に大変動を引き起こす土と人類の関係を解き明かす。

価格は、本体価格に別途消費税がかかります。価格・刷数は2014年8月現在のものです。

ホームページ：http://www.tsukiji-shokan.co.jp/

《生き物の本》

犬と人の生物学 夢、うつ病、音楽、超能力

スタンレー・コレン[訳] 三木直子[訳]
◎2刷 2200円+税

犬の行動について研究している心理学者が、犬の不思議な行動や知的活動を、人間と比較しながら解き明かす。

ネコ学入門

クレア・ベサント[著] 三木直子[訳]
◎2刷 2000円+税

群れない動物・猫が持つ、他の動物とのコミュニケーション手段とは。猫の心理と行動の背後にある原理を丁寧に解説。

ミツバチの会議 なぜ常に最良の意思決定ができるのか

トーマス・シーリー[著] 片岡夏実[訳]
◎5刷 2800円+税

新しい巣の選定は群れの生死にかかわる。ミツバチたちが行なう民主的な意思決定プロセスとは。

《植物と菌類の本》

木材と文明

ヨアヒム・ラートカウ[著] 山縣光晶[訳]
◎3刷 3200円+税

ヨーロッパは文明の基礎となる木材をどのように利用・管理してきたのか。木材とそれを取り巻く社会を、環境歴史学者が細解く。

カビ・キノコが語る地球の歴史 菌類・植物と生態系の進化

小川眞[著]
◎2800円+税

菌類と植物の攻防、菌類が生物の進化に果たした役割とは。地球史をカビ・キノコと植物のかかわりから解き明かす。

きのこ盆栽

汐合卓人[著]
◎2刷 1500円+税

短命ではかないきのこを紙粘土できのこ盆栽型標本に。日本で見かける60種をきのこ盆栽というかたちを世界で再現。見て、読んで、作って楽しい、異色のきのこ標本カラー図鑑。

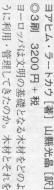

価格は、本体価格に別途消費税がかかります。ご請求は小社営業部
総合図書目録進呈します。価格・刷数は2014年8月現在のものです。

総合図書目録進呈します。（tel 03-3542-3731 fax 03-3541-5799）まで

頭川層の化石

■イトカケガイ
分類：軟体動物腹足類
時代：第三紀鮮新世
産地：富山県高岡市五十辺
サイズ：高さ7.8cm
母岩：砂
◎最大級のイトカケガイだが、どうしても殻頂が欠けやすく、完全なものは得られない。

■イトカケガイの一種
分類：軟体動物腹足類
時代：第三紀鮮新世
産地：富山県高岡市五十辺
サイズ：高さ5.5cm
母岩：砂
◎左のイトカケガイには似ないが、これもイトカケガイの一種と思われる。現生種のクロハライトカケに似る。

■ヤベホタテ
分類：軟体動物斧足類
時代：第三紀鮮新世
産地：富山県高岡市岩坪
サイズ：長さ17.5cm
母岩：砂
◎耳が小さいのが特徴だ。（新保標本）

■きれいなエゾキンチャクの右殻
分類：軟体動物斧足類
時代：第三紀鮮新世
産地：富山県高岡市五十辺
サイズ：高さ10cm、長さ8.6cm
母岩：砂
◎高岡のイタヤガイ類には、色の白いものと青っぽいものとがある。種類が同じで色が違うのは不思議だ。

中部・北陸　新生代

中部・北陸 新生代

■ニシキガイの一種（左殻）
分類：軟体動物斧足類	
時代：第三紀鮮新世	産地：富山県高岡市桜峠
サイズ：長さ8.2cm，高さ9.3cm	母岩：砂

◎アズマニシキに似る。

■ニシキガイの一種（右殻）
分類：軟体動物斧足類	
時代：第三紀鮮新世	産地：富山県高岡市岩坪
サイズ：長さ6cm，高さ6.5cm	母岩：砂

◎アズマニシキに似る。

■コシバニシキ（左殻）
分類：軟体動物斧足類	
時代：第三紀鮮新世	産地：富山県高岡市岩坪
サイズ：長さ5.5cm，高さ5.6cm	母岩：砂

◎コシバニシキはエゾキンチャクと同じように，右殻と左殻では形が大きく違う。幼殻はエゾキンチャクとよく似ていて，間違いやすい。

■コシバニシキ（右殻）
分類：軟体動物斧足類	
時代：第三紀鮮新世	産地：富山県高岡市岩坪
サイズ：長さ6cm，高さ6.7cm	母岩：砂

◎両殻で，この種としてはとても大きな標本だ。

中部・北陸 新生代

■エゾヒバリガイ
分類：軟体動物斧足類	
時代：第三紀鮮新世	産地：富山県高岡市五十辺
サイズ：長さ7cm	母岩：砂

◎頭川層ではイガイやヒバリガイが多産する。

■ニシキガイの一種
分類：軟体動物斧足類	
時代：第三紀鮮新世	産地：富山県高岡市桜峠
サイズ：長さ6.7cm，高さ6.8cm	母岩：砂

◎サドニシキに似る。

■オオノガイの仲間
分類：軟体動物斧足類	
時代：第三紀鮮新世	産地：富山県高岡市岩坪
サイズ：長さ8cm	母岩：砂

■ツキガイモドキ
分類：軟体動物斧足類	
時代：第三紀鮮新世	産地：富山県高岡市岩坪
サイズ：長さ5.6cm	母岩：砂

◎両殻で大きな完品標本だ。

■オウナガイ
分類：軟体動物斧足類	
時代：第三紀鮮新世	産地：富山県高岡市岩坪
サイズ：長さ7.7cm	母岩：砂

◎オウナガイは多産するが壊れやすい。

中部・北陸 新生代

■ナミマガシワモドキ
分類：軟体動物斧足類	
時代：第三紀鮮新世	産地：富山県高岡市岩坪
サイズ：長さ9cm、高さ9.3cm	母岩：砂

◎殻頂付近に開いている穴から足を出し，岩などに付着して生活する。

■オニフジツボ
分類：節足動物甲殻綱蔓脚類	
時代：第三紀鮮新世	産地：富山県高岡市岩坪
サイズ：径3.2cm	母岩：砂

◎鯨の皮膚に付着して生息する。

■ウニの棘
分類：棘皮動物ウニ類	
時代：第三紀鮮新世	産地：富山県高岡市岩坪
サイズ：長いもので3.7cm	母岩：砂

■ブンブクウニ
分類：棘皮動物ウニ類	
時代：第三紀鮮新世	産地：富山県高岡市岩坪
サイズ：長径7.5cm	母岩：砂

◎比較的大きなブンブクウニだ。ブンブクウニも多産するが，破片が多く，完全なものは得にくい。

中部・北陸 新生代

■巨大なブンブクウニ
分類：棘皮動物ウニ類	
時代：第三紀鮮新世	産地：富山県高岡市五十辺
サイズ：長径11cm	母岩：砂

◎巨大なブンブクウニだ。

■鯨類の骨
分類：脊椎動物哺乳綱鯨類	
時代：第三紀鮮新世	産地：富山県高岡市五十辺
サイズ：長さ12cm	母岩：砂

◎鯨類の脊椎と思われる。

■鯨類の骨
分類：脊椎動物哺乳綱鯨類	
時代：第三紀鮮新世	産地：富山県高岡市岩坪
サイズ：幅5cm	母岩：砂

◎軽くするため，スポンジ状になっている。

■鯨類の耳骨
分類：脊椎動物哺乳綱鯨類	
時代：第三紀鮮新世	産地：富山県高岡市岩坪
サイズ：長さ7cm	母岩：砂

◎ときおり耳骨が産出するが，たいてい壊れている。

中部・北陸 新生代

■ホオジロザメ
分類：脊椎動物軟骨魚類
時代：第三紀鮮新世　産地：富山県高岡市五十辺
サイズ：高さ5.7cm　母岩：砂
◎歯根が少し残っている。この後、乾燥して真っ白になった。

■ホオジロザメ
分類：脊椎動物軟骨魚類
時代：第三紀鮮新世　産地：富山県高岡市五十辺
サイズ：高さ5.3cm　母岩：砂
◎頭川層で最大のホオジロザメである。復元した大きさは6.5cm程度だ。乾燥すると白くなってしまう。

■ホオジロザメ
分類：脊椎動物軟骨魚類
時代：第三紀鮮新世　産地：富山県高岡市五十辺
サイズ：高さ3.5cm　母岩：砂
◎歯根の残った美品。（葛木美佐子標本）

■シュモクザメ？
分類：脊椎動物軟骨魚類
時代：第三紀鮮新世　産地：富山県高岡市五十辺
サイズ：幅1.3cm　母岩：砂
◎頭川層で採集したサメ類は2種類しかない。

田川の化石　第四紀更新世

■ヒダリマキイグチ
分類：軟体動物腹足類
産地：富山県小矢部市田川
サイズ：高さ 2.1㎝　母岩：砂

■タマガイ
分類：軟体動物腹足類
産地：富山県小矢部市田川
サイズ：高さ 3.6㎝　母岩：砂

■タマガイの蓋
分類：軟体動物腹足類
産地：富山県小矢部市田川
サイズ：長さ 1.5㎝　母岩：砂

■キリガイダマシ
分類：軟体動物腹足類
産地：富山県小矢部市田川
サイズ：高さ 5㎝　母岩：砂

■ヨコヤマホタテ
分類：軟体動物斧足類
産地：富山県小矢部市田川
サイズ：高さ 7.8㎝　母岩：砂

■ホクリクホタテ
分類：軟体動物斧足類
産地：富山県小矢部市田川
サイズ：高さ 6.7㎝　母岩：砂

■エゾキンチャク
分類：軟体動物斧足類
産地：富山県小矢部市田川
サイズ：高さ 5.7㎝　母岩：砂

■コシバニシキ
分類：軟体動物斧足類
産地：富山県小矢部市田川
サイズ：高さ 5.7㎝　母岩：砂

■イタヤガイ
分類：軟体動物斧足類
産地：富山県小矢部市田川
サイズ：高さ 4.7㎝　母岩：砂

中部・北陸　新生代

中部・北陸 新生代

■オシドリネリガイ
分類：軟体動物斧足類
産地：富山県小矢部市田川
サイズ：長さ 4cm　母岩：砂

田川の化石産地。斜めに走るのはウニの密集層だ。

■フミガイ
分類：軟体動物斧足類
産地：富山県小矢部市田川
サイズ：長さ 2.9cm　母岩：砂

■エゾタマキガイ
分類：軟体動物斧足類
産地：富山県小矢部市田川
サイズ：長さ 5.1cm　母岩：砂

■キンギョガイ
分類：軟体動物斧足類
産地：富山県小矢部市田川
サイズ：長さ 3.7cm　母岩：砂

■ホウズキチョウチン
分類：腕足動物有関節類
産地：富山県小矢部市田川
サイズ：高さ 2cm　母岩：砂

■タテスジホウズキガイ
分類：腕足動物有関節類
産地：富山県小矢部市田川
サイズ：幅 2.7cm　母岩：砂

■ハスノハカシパンウニ
分類：棘皮動物ウニ類
産地：富山県小矢部市田川
サイズ：長径 7.5cm　母岩：砂

大桑の化石

■ ヒタチオビガイ

分類：軟体動物腹足類	
時代：第四紀更新世	産地：石川県金沢市大桑町犀川河床
サイズ：高さ 12.5cm	母岩：砂泥

◎（新保標本）

■ キヌガサガイ

分類：軟体動物腹足類	
時代：第四紀更新世	産地：石川県金沢市大桑町犀川河床
サイズ：長径 5cm	母岩：砂泥

◎（新保標本）

金沢市大桑町犀川の様子。地層が柔らかいので絶えず浸食されている。その分，化石が絶えず出現する。特に洪水のあとに行くと成果が出る。

■ ヒレガイ

分類：軟体動物腹足類	
時代：第四紀更新世	産地：石川県金沢市大桑町犀川河床
サイズ：高さ 2.6cm	母岩：砂泥

■イトカケガイ
分類:軟体動物腹足類
時代:第四紀更新世　産地:石川県金沢市大桑町犀川河床
サイズ:高さ3.5cm　母岩:砂

■コロモガイ
分類:軟体動物腹足類
時代:第四紀更新世　産地:石川県金沢市大桑町犀川河床
サイズ:高さ5.7cm　母岩:砂泥

■オシドリネリガイ
分類:軟体動物斧足類
時代:第四紀更新世　産地:石川県金沢市大桑町犀川河床
サイズ:長さ4.5cm　母岩:砂泥

■サラガイ
分類:軟体動物斧足類
時代:第四紀更新世　産地:石川県金沢市大桑町犀川河床
サイズ:長さ8.6cm　母岩:砂泥

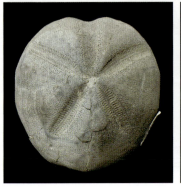

■ブンブクウニ
分類:棘皮動物ウニ類
時代:第四紀更新世
産地:石川県金沢市大桑町犀川河床
サイズ:長さ6cm
母岩:砂泥
◎ブンブクウニは比較的産出が多いが、そのまま出ると柔らかくて壊れやすく、ノジュール化していると分離が悪く、なかなか良い標本は得られない。

■ホオジロザメ

分類：脊椎動物軟骨魚類	時代：第四紀更新世	産地：石川県金沢市大桑町犀川河床
サイズ：高さ 3.5cm	母岩：砂泥	

◎ホオジロザメもときおり産出している。洪水のあとに行くと見つかりやすい。（大槻標本）

犀川の河床で見つけた足跡の化石。2014年8月25日発見。久しぶりに大桑層を覗いてみたら、足跡の化石が見つかった。ゾウやシカ、ワニと思える足跡が一直線に並んでいるのがわかる。海岸に近いところを歩いていたのだろうか。

中部・北陸 新生代

骨発見！ 大雨の直後に行ったら河床にこんなものが見つかった。
形状から，鰭脚類のものと推定。

■鰭脚類の上腕骨
分類：脊椎動物哺乳綱鰭脚類
時代：第四紀更新世
産地：石川県金沢市大桑町犀川河床
サイズ：長さ17㎝
母岩：砂泥
◎大型の鰭脚類のものと推定。

平床の化石

■ミミズガイ
分類：軟体動物腹足類	
時代：第四紀更新世	産地：石川県珠洲市正院町平床
サイズ：長さ3.5cm	母岩：砂泥

■オオタマツバキ
分類：軟体動物腹足類	
時代：第四紀更新世	産地：石川県珠洲市正院町平床
サイズ：長径4cm	母岩：泥

■イセシラガイ
分類：軟体動物斧足類	
時代：第四紀更新世	産地：石川県珠洲市正院町平床
サイズ：長さ4cm	母岩：泥

■シャミセンガイ
分類：腕足動物無関節類	
時代：第四紀更新世	産地：石川県珠洲市正院町平床
サイズ：長さ1cm	母岩：泥

■キヌタアゲマキ
分類：軟体動物斧足類	
時代：第四紀更新世	産地：石川県珠洲市正院町平床
サイズ：長さ7.7cm	母岩：砂泥

◎蛇の体表を思わせる模様が特徴。

■ビョウブガイ
分類：軟体動物斧足類	
時代：第四紀更新世	産地：石川県珠洲市正院町平床
サイズ：長さ5.8cm	母岩：砂泥

◎平床貝化石群集を代表する二枚貝。

中部・北陸 新生代

嵩山（すせ）の化石

■ニホンムカシジカ（カズサジカ）（上：ツノ化石、下：下顎化石）

分類：脊椎動物哺乳類	時代：第四紀更新世	産地：愛知県豊橋市嵩山町
サイズ：ツノの長さ13cm、下顎の長さ13cm	母岩：裂罅（れっか）堆積物	

◎ツノの最初の枝分かれまでが長く、分岐角度が約80度になるのが特徴だ。絶滅種。（松橋標木）

古見の化石

■ カルカロドン・カルカリアス

分類：脊椎動物軟骨魚類	時代：第四紀完新世	産地：愛知県知多市古見
サイズ：高さ 3.9cm	母岩：砂泥	

◎ホオジロザメである。名古屋港の浚渫の際に出たもの。エナメル質の光沢がとても美しい。（松橋標本）

■ イタチザメ

分類：脊椎動物軟骨魚類	時代：第四紀完新世	産地：愛知県知多市古見
サイズ：高さ 2.3cm	母岩：砂泥	

◎タイガーシャークとも呼ばれる。どう猛なサメだ。（松橋標本）

■ メジロザメ

分類：脊椎動物軟骨魚類	
時代：第四紀完新世	産地：愛知県知多市古見
サイズ：高さ 2.1cm	母岩：砂泥

◎名古屋港の浚渫の際に出たもの。（松橋標本）

中部・北陸　新生代

■シロワニ
分類：脊椎動物軟骨魚類
時代：第四紀完新世
産地：愛知県知多市古見
サイズ：高さ3cm
母岩：砂泥
◎（松橋標本）

■トビエイ
分類：脊椎動物軟骨魚類
時代：第四紀完新世
産地：愛知県知多市古見
サイズ：幅4cm
母岩：砂泥
◎（松橋標本）

■トビエイ
分類：脊椎動物軟骨魚類
時代：第四紀完新世
産地：愛知県知多市古見
サイズ：幅4.2cm
母岩：砂泥
◎（松橋標本）

■エイの尾棘
分類：脊椎動物軟骨魚類
時代：第四紀完新世
産地：愛知県知多市古見
サイズ：長さ6cm
母岩：砂泥
◎エイの尾棘で，毒を持っている。（松橋標本）

近畿

産地	地質時代
古生代	
① 滋賀県犬上郡多賀町権現谷	ペルム紀
中生代	
② 福井県大飯郡高浜町難波江	三畳紀
③ 三重県志摩市磯部町恵利原	ジュラ紀
④ 和歌山県日高郡由良町門前	ジュラ紀
⑤ 大阪府泉佐野市滝の池	白亜紀
⑥ 和歌山県有田郡湯浅町栖原	白亜紀
⑦ 和歌山県有田郡有田川町吉見, 清水	白亜紀
⑧ 兵庫県洲本市由良町内田	白亜紀
⑨ 兵庫県南あわじ市地野	白亜紀

産地	地質時代
新生代	
⑩ 福井県大飯郡高浜町名島, 山中	第三紀中新世
⑪ 京都府宮津市木子	第三紀中新世
⑫ 京都府与謝郡伊根町滝根	第三紀中新世
⑬ 京都府綴喜郡宇治田原町奥山田	第三紀中新世
⑭ 三重県津市美里町柳谷	第三紀中新世
⑮ 滋賀県甲賀市土山町鮎河, 笹路, 上平	第三紀中新世
⑯ 滋賀県甲賀市水口町	第三紀鮮新世
⑰ 三重県伊賀市畑村服部川	第三紀鮮新世
⑱ 滋賀県大津市真野, 仰木	第四紀更新世

近江カルストの化石

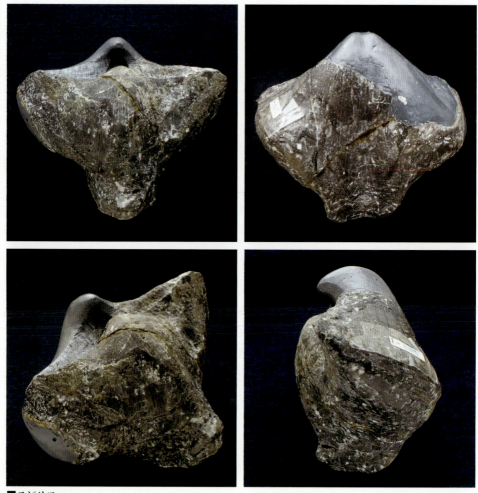

■スピリファー

分類：腕足動物有関節類	
時代：ペルム紀	産地：滋賀県犬上郡多賀町権現谷
サイズ：横幅9cm，高さ7.5cm，厚み5cm	母岩：黒色石灰岩

◎権現谷では普通に産出するスピリファー。たくさん産出するが，これほど大きいものは他になく，成長しきった個体と思われる。中国ではスピリファーを石燕と呼んでいるが，こちらはまるでトビが獲物をねらって，空中でホバリングしているような格好である。

権現谷で三葉虫を探す

2013年春の権現谷の様子だ。ガレ場に転がる石を丹念に見ていく。小さなものなのでルーペを使う。以前はたくさんの三葉虫母岩が転がり、石の表面に尾部や頭鞍部、遊離頬といった部品が見えていたものだが、今ではあまり見なくなった。しかし、表面に見られないだけで石の中には入っているので、わずかに見える部品を頼りにして持ち帰り、酸処理をして三葉虫を抽出する。なお、経験上、酸は塩酸が一番良い。

■三葉虫

分類：節足動物三葉虫類	時代：ペルム紀	産地：滋賀県犬上郡多賀町権現谷
サイズ：長さ0.6cm	母岩：黒色石灰岩	

◎塩酸を使って石灰岩から溶かしだした三葉虫の尾部。小さなものだが、他の産地では見られない産状だ。通常、三葉虫の化石は雌型か雄型の標本だが、これは殻そのものであり、本体の化石である。

近畿 古生代

■マーチソニアの仲間
分類：軟体動物腹足類
時代：ペルム紀　産地：滋賀県犬上郡多賀町権現谷
サイズ：高さ6.2cm　母岩：石灰質凝灰岩
◎権現谷の南斜面の崖からは大型軟体動物が多産する。

■デンタリウム
分類：軟体動物掘足類
時代：ペルム紀　産地：滋賀県犬上郡多賀町権現谷
サイズ：長さ7.3cm　母岩：石灰質凝灰岩
◎権現谷の南斜面の崖からは、特にツノガイが多産する。大きなものは15cmを超え、密集して産出する。ただし石が硬く、真っ黒なので見つけるのは難しい。

■ウグイスガイの仲間
分類：軟体動物斧足類
時代：ペルム紀　産地：滋賀県犬上郡多賀町エチガ谷
サイズ：長さ4.3cm　母岩：凝灰岩
◎エチガ谷には石灰岩と凝灰岩の互層があり、凝灰岩からはたくさんの化石が産出する。種類も多く、権現谷よりも多彩だ。

■腕足類の一種
分類：腕足動物有関節類
時代：ペルム紀　産地：滋賀県犬上郡多賀町権現谷
サイズ：長さ4cm　母岩：硬質頁岩
◎比較的大きく、平べったい種類だ。権現谷では多種多様な腕足類が産出する。

三葉虫を塩酸で抽出する

　2013年は久しぶりに良い石が見つかり，次から次に三葉虫が出てきた。密集していると本当にたくさんの三葉虫が出てくる。しかし，ただ塩酸の中にどぼんと漬けておくだけではだめだ。石灰岩には微細なひびがたくさん走っていて，そのまま放置すると三葉虫が粉々になってしまう。結構難しいのだ。そこで今回，塩酸による三葉虫抽出のテクニックを披露しよう。

塩酸処理の様子だ。洗面器に水を張り，そこに塩酸を注入する。量はぶくぶくといわない程度に入れる。あまり濃いと発生する炭酸ガスの泡で化石が吹っ飛んでしまう。特に，尾部の周囲や遊離頬の頬棘はパイプ状になっていて，ガスの逃げ場が狭いため，そこが破裂して壊れてしまうのだ。
また，買ってきた塩酸を放置すると塩化水素ガスがわずかに漏れ，周囲の金属部を腐食させてしまう。そこで，買ったらすぐに倍の水で薄めておくことが大切だ。

うまい具合に三葉虫が出てきた。この石から4個の尾部と1個の頭鞍部が石の表面に現れた。

このように裏返って出てくるとやりやすい。
表だと殻の表面をきれいに出すのは難しく，中途半端に出るので，母岩付き標本となる。
殻が薄いので透けているのがわかる。

三葉虫の内側にエポキシ系の接着剤を流しこんで補強する。こうして塩酸処理をすると安全に抽出することができる。瞬間接着剤は三葉虫を透過し，表面がてかってしまうので不可だ。

塩酸で完全に溶かし出したもので，比較的大きく，完全な標本だ。

難波江の化石

2005年1月，久しぶりに訪れた難波江の工事現場でアンモナイトを見つけてしまった。運良く地層から直接見つけたので，周辺からはいくつものアンモナイトが見つかった。
この快挙はすぐに仲間に知れわたり，三畳紀のアンモナイトフィーバーが始まった。種類はパラトラキセラスの一種類のみ。しかし，三畳紀のアンモナイトは非常に珍しいので，しばらく難波江通いが続いた。

■オウムガイ
分類：軟体動物頭足類	
時代：三畳紀	産地：福井県大飯郡高浜町難波江
サイズ：長径2.5cm	母岩：頁岩

◎（大槻標本）

■オウムガイ
分類：軟体動物頭足類	
時代：三畳紀	産地：福井県大飯郡高浜町難波江
サイズ：長径9.5cm	母岩：頁岩

◎大きく変形しているが，縫合線が見えている。

■パラトラキセラス
分類：軟体動物頭足類	
時代：三畳紀	産地：福井県大飯郡高浜町難波江
サイズ：長径5.2cm	母岩：頁岩

■パラトラキセラス
分類：軟体動物頭足類	
時代：三畳紀	産地：福井県大飯郡高浜町難波江
サイズ：長径8.2cm	母岩：頁岩

■パラトラキセラス
分類：軟体動物頭足類	
時代：三畳紀	産地：福井県大飯郡高浜町難波江
サイズ：長径8.5cm	母岩：頁岩

■パラトラキセラス
分類：軟体動物頭足類	
時代：三畳紀	産地：福井県大飯郡高浜町難波江
サイズ：長径8.8cm	母岩：頁岩

■オキシトーマ・モジソヴィッチー
分類：軟体動物斧足類	
時代：三畳紀	産地：福井県大飯郡高浜町難波江
サイズ：長さ6cm	母岩：頁岩

■パラエオファルス
分類：軟体動物斧足類	
時代：三畳紀	産地：福井県大飯郡高浜町難波江
サイズ：長さ7.5cm	母岩：頁岩

◎雌型標本だ。256頁の方法で疑似本体に写真変換。

■トサペクテン（左殻）
分類：軟体動物斧足類
時代：三畳紀　産地：福井県大飯郡高浜町難波江
サイズ：長さ12cm　母岩：頁岩
◎トサペクテンは現生のイタヤガイとそっくりだ。

■トサペクテン（右殻）
分類：軟体動物斧足類
時代：三畳紀　産地：福井県大飯郡高浜町難波江
サイズ：長さ11.5cm　母岩：頁岩

■クラミス（左殻）
分類：軟体動物斧足類
時代：三畳紀
産地：福井県大飯郡高浜町難波江
サイズ：長さ2.5cm、高さ3cm　母岩：頁岩

■クラミス（右殻）
分類：軟体動物斧足類
時代：三畳紀
産地：福井県大飯郡高浜町難波江
サイズ：長さ4cm　母岩：頁岩
◎珍しく殻が残っている。

■大きなハロビア
分類：軟体動物斧足類	
時代：三畳紀	産地：福井県大飯郡高浜町難波江
サイズ：長さ5cm	母岩：頁岩

◎とても大きな種類だ。

■ハロビア群集
分類：軟体動物斧足類	
時代：三畳紀	産地：福井県大飯郡高浜町難波江
サイズ：左右6.5cm	母岩：頁岩

◎ハロビアは浮遊生の二枚貝とされている。時としてこのように密集して産出するのは，どの産地でも共通する。

■クモヒトデ
分類：棘皮動物クモヒトデ類	
時代：三畳紀	産地：福井県大飯郡高浜町難波江
サイズ：左右3.3cm	母岩：頁岩

◎クモヒトデは京都の夜久野（三畳紀）でも産出している。（新保標本）

■ヒトデ
分類：棘皮動物ヒトデ類	
時代：三畳紀	産地：福井県大飯郡高浜町難波江
サイズ：左右3cm	母岩：頁岩

◎三畳紀のヒトデは珍しい。

恵利原の化石

キダリスの産状だ。キダリスは石灰岩にも入っているが，石灰岩からは取り出すことはできない。
石灰岩と石灰岩の隙間に狭在する凝灰岩にも入っていて，この層は柔らかく，簡単に分離するのでそれを探すと良い。

■キダリス
分類：棘皮動物ウニ類
時代：ジュラ紀　　産地：三重県志摩市磯部町恵利原
サイズ：長さ2.1cm　母岩：石灰岩，凝灰岩
◎凝灰岩は柔らかいので，タガネで簡単に取り出せる。(伊藤標本)

■キダリスの殻
分類：棘皮動物ウニ類
時代：ジュラ紀　　産地：三重県志摩市磯部町恵利原
サイズ：径3cm　母岩：石灰岩，凝灰岩
◎溶け去って雌型になっているが，ウニ本体の殻である。殻の化石は珍しい。

門前の化石

■六射サンゴの一種
分類：腔腸動物六射サンゴ類	
時代：ジュラ紀	産地：和歌山県日高郡由良町門前
サイズ：左右3cm	母岩：石灰岩，頁岩

天然記念物・門前の大岩だ。ジュラ紀の鳥の巣石灰岩でできていて，サンゴやウニなどの化石がたくさん含まれている。直接採集はできない。

■六射サンゴの一種
分類：腔腸動物六射サンゴ類	
時代：ジュラ紀	産地：和歌山県日高郡由良町門前
サイズ：長径5cm	母岩：石灰岩，頁岩

■六射サンゴの一種
分類：腔腸動物六射サンゴ類	
時代：ジュラ紀	産地：和歌山県日高郡由良町門前
サイズ：左右4.5cm	母岩：石灰岩，頁岩

近畿　中生代

近畿 中生代

■キダリスの本体
分類：棘皮動物ウニ類
時代：ジュラ紀
産地：和歌山県日高郡由良町門前
サイズ：径3cm　母岩：石灰岩，頁岩
◎棘の化石は多いが，本体の化石はめったに出ない。

■キダリス
分類：棘皮動物ウニ類
時代：ジュラ紀　産地：和歌山県日高郡由良町門前
サイズ：長さ2cm程度　母岩：石灰岩，頁岩

ミカン畑の中の小道でキダリスを探す。こういったところで探すと，キダリスの棘がころころと見つかる。適度に風化したサンゴも見つかる。

■キダリス
分類：棘皮動物ウニ類
時代：ジュラ紀　産地：和歌山県日高郡由良町門前
サイズ：左右9cm　母岩：石灰岩

紀伊半島の白亜紀化石

■ノストセラス
- 分類：軟体動物頭足類
- 時代：白亜紀
- 産地：大阪府泉佐野市滝の池
- サイズ：長径18cm
- 母岩：頁岩
- ◎（曽和標本）

■ゾレノセラス
- 分類：軟体動物頭足類
- 時代：白亜紀
- 産地：大阪府泉佐野市滝の池
- サイズ：長径3.1cm
- 母岩：頁岩
- ◎（曽和標本）

■ポリプチコセラス
- 分類：軟体動物頭足類
- 時代：白亜紀
- 産地：和歌山県有田郡有田川町吉見
- サイズ：長径9.2cm
- 母岩：頁岩
- ◎（曽和標本）

■ヘテロプチコセラス
- 分類：軟体動物頭足類
- 時代：白亜紀
- 産地：和歌山県有田郡有田川町吉見
- サイズ：長径5.4cm
- 母岩：頁岩
- ◎（曽和標本）

近畿　中生代

近畿 中生代

■パラクリオセラス
分類：軟体動物頭足類
時代：白亜紀　　　産地：和歌山県有田郡湯浅町栖原
サイズ：長径6cm　母岩：頁岩
◎ゆる巻きで棘がある。(新保標本)

■シャスティークリオセラス
分類：軟体動物頭足類
時代：白亜紀　　　産地：和歌山県有田郡湯浅町栖原
サイズ：長径3cm　母岩：頁岩
◎（橋本標本）

■ヘテロセラス
分類：軟体動物頭足類
時代：白亜紀
産地：和歌山県有田郡湯浅町栖原
サイズ：長径6cm　母岩：頁岩
◎（曽和標本）

■テキサナイテス
分類：軟体動物頭足類
時代：白亜紀　　　産地：和歌山県有田郡有田川町吉見
サイズ：長径7cm　母岩：頁岩
◎（曽和標本）

■ゴードリセラス
分類：軟体動物頭足類
時代：白亜紀　産地：和歌山県有田郡有田川町清水
サイズ：長径10㎝　母岩：頁岩
◎（曽和標本）

■アイノセラス
分類：軟体動物頭足類
時代：白亜紀　産地：和歌山県有田郡有田川町清水
サイズ：長径3.4㎝　母岩：頁岩
◎（曽和標本）

■プテロトリゴニア
分類：軟体動物斧足類
時代：白亜紀　産地：和歌山県有田郡湯浅町栖原
サイズ：長さ3.5㎝　母岩：頁岩
◎（橋本標本）

■ヘミクラスター
分類：棘皮動物ウニ類
時代：白亜紀　産地：和歌山県有田郡湯浅町栖原
サイズ：長径2.9㎝　母岩：頁岩

近畿　中生代

淡路島の化石

■プラビトセラス
分類：軟体動物頭足類
時代：白亜紀
産地：兵庫県南あわじ市阿那賀
サイズ：左右25cm
母岩：泥岩
◎（小西標本）

■ゾレノセラス
分類：軟体動物頭足類
時代：白亜紀
サイズ：長径4.3cm
産地：兵庫県洲本市由良町内田
母岩：泥質ノジュール
◎（小西標本）

■松ぼっくり
分類：裸子植物毬果類
時代：白亜紀
産地：兵庫県南あわじ市広田
サイズ：長さ7cm　母岩：砂質頁岩
◎白亜紀の松ぼっくりは珍しい。

■モサザウルスの歯

分類：脊椎動物爬虫類	時代：白亜紀	産地：兵庫県南あわじ市地野
サイズ：高さ4.6cm	母岩：砂質頁岩	

◎肉食獣らしく鋭く尖った歯が生々しい。（川辺標本）

■カニ類

分類：節足動物甲殻類	
時代：白亜紀	産地：兵庫県南あわじ市地野
サイズ：幅6cm	母岩：硬質ノジュール

◎（川辺標本）

■ヒトデ

分類：棘皮動物ヒトデ類
時代：白亜紀
産地：兵庫県南あわじ市地野

サイズ：幅7.8cm	母岩：砂岩

◎（小西標本）

近畿　中生代

近畿 新生代

高浜の化石

■保存良好なアッツリア

分類：軟体動物頭足類	時代：第三紀中新世	産地：福井県大飯郡高浜町名島
サイズ：長径 10.5cm	母岩：砂岩	

◎ 部がショベルカーで削られているが，とても大きくて保存の良い標本だ。殻口はタガネで彫り進んだ。最終隔壁まで見えている。右下の写真で，真ん中の三角形をしたところは連室細管だ。

高浜のオウムガイ

　2007年12月末，福井県大飯郡高浜町和田の土砂集積場でアッツリアフィーバーが始まった。高浜町名島を走る県道で，切り通しの工事が行われ，そのときに出た岩石が一時的に和田の埋め立て地に集積されたのだ。その岩石にはたくさんのアッツリア（オウムガイの一種）が含まれ，願ってもない採集フィーバーとなった。
　噂を聞きつけた化石愛好家が近畿一円はもとより，遠くは東京からも駆けつけ，週末ともなると30人近くが集まった。このフィーバーは2009年の夏頃まで続いたが，土石の山は次第に片付けられて小さくなり，それと同時に愛好家の姿もいつしか消えていった。
　しかしながら，土石の山は完全に消えたわけではなかったので，以後も通い続けた筆者は，2013年の11月まで採集することができ，この6年間で，実に172個のアッツリアを採集するに至った。ここに通って採集した人全員の分を合計すると，軽く1000個は超したに違いない。一カ所からこれだけ大量のアッツリアが出る場所は他に例がなく，日本一のアッツリア産地として全国に高浜町の名を知らしめたであろう。
　なお，土石の山は2014年6月末にはすべて片付けられ，和田は真っ平らな元の埋め立て地に戻ってしまった。ちなみにここを訪れた回数は，ちょうど100回となった。自宅からここまで110km，往復220km。総走行距離は22,000kmにも及ぶ。しつこく通ったおかげで，たくさんの化石を採集することができたのである。
　加えて，ここで出会ったたくさんの化石仲間との交流は今も続いている。

2009年7月のある日の和田の現場。暑くてみんなくたばっている。

近畿 新生代

■アッツリア
分類：軟体動物頭足類
時代：第三紀中新世
産地：福井県大飯郡高浜町名島
サイズ：長径15cm
母岩：砂岩
◎採集した172個のアッツリア中で一番大きな標本だが、住房が残っているからであって、実際にはこれ以上に大きいものもありそうだ。

■ノジュール中のアッツリア
分類：軟体動物頭足類
時代：第三紀中新世
産地：福井県大飯郡高浜町名島
サイズ：ノジュールの長径21.5cm、アッツリアの長径7.8cm
母岩：砂質ノジュール
◎名島ではノジュールからアッツリアが産出することが多かった。

名島の工事現場では、大きなタマガイやアッツリアがごろごろと出てきた。右の図面は、上が海岸で、下が山側になる。この現場からたくさんの土石が和田海岸の埋め立て地に運ばれた。ダンプカーで次々と石が運ばれ、ダンプカーが去るとみんな一斉に土石の山に群がり、オウムガイを探す。石から分離したオウムガイがころんと転がっていることも珍しくなかった。運び出しが落ち着いたあとは、大きな石を一個一個割るという地道な作業が続いた。
この現場の下は千畳敷と呼ばれ、平らな岩盤が広く露出している。貝類やサメの歯といった化石が山で出てくるが、関電の管理区域（関西電力高浜原子力発電所）になっていて、立ち入るには許可が必要になっている。

■アッツリア

分類：軟体動物頭足類	
時代：第三紀中新世	産地：福井県大飯郡高浜町名島
サイズ：長径 8.5㎝	母岩：砂岩

◎アッツリア独特の縫合線がきれいに見えている。

和田の土砂集積場では，運がいいと写真のようにアッツリアが見えている時があった。また一つの石からいくつも見つかることがあり，大きな石を粉々になるまで割る必要があった。

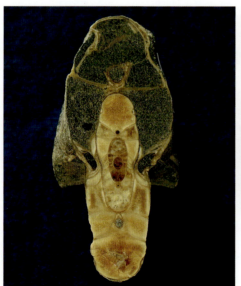

■アッツリアの研磨断面

分類：軟体動物頭足類	
時代：第三紀中新世	産地：福井県大飯郡高浜町名島
サイズ：長径 6.2㎝	母岩：泥質砂岩

◎壊れた標本もこうして利用すると一級品の標本になる。黒い点は連室細管だ。

こういう石に入っていると進言したら，本当に出てきた。

近畿 新生代

■トクナガイモガイ
分類：軟体動物腹足類	
時代：第三紀中新世	
産地：福井県大飯郡高浜町名島	
サイズ：高さ5.5㎝	母岩：砂岩

◎最大級の標本。

■ヒタチオビガイ
分類：軟体動物腹足類	
時代：第三紀中新世	
産地：福井県大飯郡高浜町名島	
サイズ：高さ14.5㎝	母岩：細粒砂岩

■オザワサザエ
分類：軟体動物腹足類	
時代：第三紀中新世	
産地：福井県大飯郡高浜町名島	
サイズ：長径3㎝, 高さ3.7㎝	母岩：砂岩

■サザエの蓋
分類：軟体動物腹足類	
時代：第三紀中新世	
産地：福井県大飯郡高浜町名島	
サイズ：長径1㎝	母岩：砂岩

■テングニシ

分類：軟体動物腹足類	時代：第三紀中新世	産地：福井県大飯郡高浜町名島
サイズ：高さ6cm	母岩：砂岩	

◎小さなテングニシだが，保存は良い。

■テングニシ

分類：軟体動物腹足類
時代：第三紀中新世
産地：福井県大飯郡高浜町名島
サイズ：高さ7.5cm　母岩：砂岩

◎壊れたテングニシを切断してみた。左の裏面は欠損している。三級品の標本もこうすることで二級品によみがえる。

■ナカムラタマガイ

分類：軟体動物腹足類
時代：第三紀中新世
産地：福井県大飯郡高浜町名島
サイズ：長径9cm，高さ9.5cm　母岩：砂岩

◎とても大きく完全な標本だ。

■巻貝の一種
分類：軟体動物腹足類	
時代：第三紀中新世	産地：福井県大飯郡高浜町名島
サイズ：高さ3㎝	母岩：砂岩

◎ミクリガイの一種と思われる。

■アポロン
分類：軟体動物腹足類	
時代：第三紀中新世	産地：福井県大飯郡高浜町名島
サイズ：高さ2㎝	母岩：砂岩

◎アラレガイ。

■キバウミニナ
分類：軟体動物腹足類	
時代：第三紀中新世	産地：福井県大飯郡高浜町名島
サイズ：高さ5㎝	母岩：砂岩

■ビカリエラ
分類：軟体動物腹足類	
時代：第三紀中新世	産地：福井県大飯郡高浜町名島
サイズ：高さ3.1㎝	母岩：砂岩

◎とても保存が良くきれいだ。

近畿 新生代

■ホネガイ

分類：軟体動物腹足類	
時代：第三紀中新世	産地：福井県大飯郡高浜町名島
サイズ：高さ4cm	母岩：砂岩

◎アクキガイの一種だ。

■フデガイ

分類：軟体動物腹足類	
時代：第三紀中新世	産地：福井県大飯郡高浜町名島
サイズ：高さ3.5cm	母岩：砂岩

■ニシキアマオブネ

分類：軟体動物腹足類	
時代：第三紀中新世	
産地：福井県大飯郡高浜町名島	
サイズ：高さ2.8cm、長径3.3cm	母岩：砂岩

◎水に漬けてやると錦のカラーバンドが現れる。

■ニシキウズの一種

分類：軟体動物腹足類	
時代：第三紀中新世	
産地：福井県大飯郡高浜町名島	
サイズ：高さ2.5cm	母岩：砂岩

近畿 新生代

■カタツムリ
分類：軟体動物腹足類
時代：第三紀中新世　産地：福井県大飯郡高浜町名島
サイズ：長径3cm　母岩：砂岩
◎陸上の貝類の化石はとても珍しい。名島ではいくつか産出した。（新保標本）

■フナクイムシ
分類：軟体動物斧足類
時代：第三紀中新世　産地：福井県大飯郡高浜町名島
サイズ：長さ12cm　母岩：砂岩
◎流木に穴を開けて住み着く二枚貝だ。

■イガイ
分類：軟体動物斧足類
時代：第三紀中新世　産地：福井県大飯郡高浜町名島
サイズ：長さ10cm　母岩：砂岩

■エゾヒバリガイ
分類：軟体動物斧足類
時代：第三紀中新世　産地：福井県大飯郡高浜町名島
サイズ：長さ5cm　母岩：砂岩

近畿 新生代

■ホタテの仲間
分類：軟体動物斧足類
時代：第三紀中新世　産地：福井県大飯郡高浜町名島
サイズ：長さ5.4cm　母岩：砂岩

■ニシキガイの一種
分類：軟体動物斧足類
時代：第三紀中新世　産地：福井県大飯郡高浜町名島
サイズ：長さ3.5cm　母岩：砂岩

■ムカシスカシカシパン
分類：棘皮動物ウニ類
時代：第三紀中新世　産地：福井県大飯郡高浜町名島
サイズ：長径12cm　母岩：砂岩
◎殻に5個の穴が開いている。

大きなスカシカシパンが見つかった。母岩が大きすぎるので整形する。

近畿 新生代

■ミネフジツボ
分類：節足動物甲殻綱蔓脚類
時代：第三紀中新世　産地：福井県大飯郡高浜町名島
サイズ：高さ 4.5cm　母岩：砂岩

■シロワニ？
分類：脊椎動物軟骨魚類
時代：第三紀中新世　産地：福井県大飯郡高浜町名島
サイズ：高さ 1.8cm　母岩：砂岩

■メジロザメ
分類：脊椎動物軟骨魚類
時代：第三紀中新世　産地：福井県大飯郡高浜町名島
サイズ：幅 0.7cm　母岩：砂岩
◎（小西標本）

■魚鱗
分類：脊椎動物硬骨魚類
時代：第三紀中新世　産地：福井県大飯郡高浜町名島
サイズ：幅 1.2cm　母岩：砂岩

■カニの一種
分類：節足動物甲殻類
時代：第三紀中新世　産地：福井県大飯郡高浜町名島
サイズ：幅1.6cm　母岩：砂岩

■カニのハサミ
分類：節足動物甲殻類
時代：第三紀中新世　産地：福井県大飯郡高浜町名島
サイズ：長さ3.7cm　母岩：砂岩

■豆のさや
分類：被子植物双子葉類
時代：第三紀中新世　産地：福井県大飯郡高浜町名島
サイズ：長さ3.5cm　母岩：砂岩

■松ぼっくり
分類：裸子植物毬果類
時代：第三紀中新世　産地：福井県大飯郡高浜町名島
サイズ：長さ5.8cm　母岩：砂岩

◎名島からはたくさんの松ぼっくりが産出した。比較的海岸から近かったことがうかがえる。

山中海岸の化石

■センスガイの仲間
分類：腔腸動物六射サンゴ類
時代：第三紀中新世　産地：福井県大飯郡高浜町山中海岸
サイズ：幅3cm　母岩：頁岩
◎非常に地圧が強く、サンゴの化石までがペシャンコになっている。

■アッツリア
分類：軟体動物頭足類
時代：第三紀中新世　産地：福井県大飯郡高浜町山中海岸
サイズ：長径9.5cm　母岩：頁岩
◎地圧が強いため、紙のように圧縮されている。

■ヒタチオビガイ
分類：軟体動物腹足類
時代：第三紀中新世　産地：福井県大飯郡高浜町山中海岸
サイズ：高さ7.2cm　母岩：頁岩

■ムカシウラシマガイ
分類：軟体動物腹足類
時代：第三紀中新世　産地：福井県大飯郡高浜町山中海岸
サイズ：高さ6.1cm　母岩：頁岩

近畿 新生代

■ブンブクウニ

分類：棘皮動物ウニ類
時代：第三紀中新世　産地：福井県大飯郡高浜町山中海岸
サイズ：長径 5㎝　母岩：頁岩

◎雌型標本。

■ウニの棘

分類：棘皮動物ウニ類
時代：第三紀中新世　産地：福井県大飯郡高浜町山中海岸
サイズ：長さ 5.8㎝　母岩：頁岩

■メジロザメ

分類：脊椎動物軟骨魚類
時代：第三紀中新世　産地：福井県大飯郡高浜町山中海岸
サイズ：幅 1.3㎝　母岩：頁岩

◎（大槻標本）

■松ぼっくり

分類：裸子植物毬果類
時代：第三紀中新世　産地：福井県大飯郡高浜町山中海岸
サイズ：長さ 6.5㎝　母岩：頁岩

203

京都の化石

■サッパ
分類：脊椎動物硬骨魚類
時代：第三紀中新世
産地：京都府与謝郡伊根町滝根
サイズ：長さ3.8cm　母岩：頁岩
◎（大槻標本）

■メタセコイアの毬果
分類：裸子植物毬果類
時代：第三紀中新世
産地：京都府宮津市木子
サイズ：長さ4cm　母岩：頁岩
◎（大槻標本）

■ドシニア
分類：軟体動物斧足類
時代：第三紀中新世
産地：京都府綴喜郡宇治田原町奥山田
サイズ：長さ4cm　母岩：砂岩

■メジロザメ
分類：脊椎動物軟骨魚類
時代：第三紀中新世
産地：京都府綴喜郡宇治田原町奥山田
サイズ：幅1.5cm　母岩：砂岩

柳谷の化石

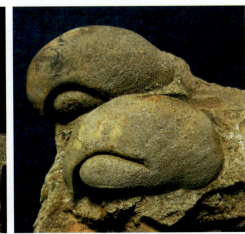

■エゾフネの一種

分類：軟体動物腹足類		
サイズ：左右3.5cm	時代：第三紀中新世	産地：三重県津市美里町柳谷
	母岩：砂岩	

◎大きくて薄っぺらく、他では見ない種類だ。柳谷のごく限られたところでしか産出しない。新種の可能性あり。写真右は、殻が溶け去って印象となったもの。

■獣骨

分類：脊椎動物	
時代：第三紀中新世	産地：三重県津市美里町柳谷
サイズ：幅3.1cm	母岩：砂岩

◎手足の骨の一部と思われる。

■獣骨

分類：脊椎動物	
時代：第三紀中新世	産地：三重県津市美里町柳谷
サイズ：幅6.2cm	母岩：砂岩

◎神経が通ると思われる穴が2カ所開いている。

■イルカの歯
分類：脊椎動物哺乳綱鯨類	
時代：第三紀中新世	産地：三重県津市美里町柳谷
サイズ：長さ3cm	母岩：砂岩

■イルカの歯
分類：脊椎動物哺乳綱鯨類	
時代：第三紀中新世	産地：三重県津市美里町柳谷
サイズ：長さ3.5cm	母岩：砂岩

■イルカの歯
分類：脊椎動物哺乳綱鯨類	
時代：第三紀中新世	産地：三重県津市美里町柳谷
サイズ：長さ3.1cm	母岩：砂岩

■イルカの尾椎
分類：脊椎動物哺乳綱鯨類	
時代：第三紀中新世	産地：三重県津市美里町柳谷
サイズ：幅4.1cm	母岩：砂岩

■獣骨
分類：脊椎動物
時代：第三紀中新世　産地：三重県津市美里町柳谷
サイズ：幅4.7cm　母岩：砂岩

■鰭脚類の指の骨？
分類：脊椎動物哺乳綱鰭脚類
時代：第三紀中新世　産地：三重県津市美里町柳谷
サイズ：長さ4.3cm　母岩：砂岩
◎鰭脚類（アザラシ）の指の骨と思われる。

■鰭脚類の距骨
分類：脊椎動物哺乳綱鰭脚類
時代：第三紀中新世　産地：三重県津市美里町柳谷
サイズ：高さ5cm　母岩：砂岩
◎鰭脚類の踵の骨。

■硬骨魚類の脊椎？
分類：脊椎動物硬骨魚類
時代：第三紀中新世　産地：三重県津市美里町柳谷
サイズ：幅4.5cm　母岩：砂岩

■アカエイの歯
分類：脊椎動物軟骨魚類
時代：第三紀中新世　産地：三重県津市美里町柳谷
サイズ：幅0.4cm　母岩：砂岩

■カルカロクレス・メガロドン
分類：脊椎動物軟骨魚類
時代：第三紀中新世　産地：三重県津市美里町長野
サイズ：高さ3.2cm　母岩：砂岩
◎長野川沿いに露出する砂岩から産出。（葛木標本）

■カルカロクレス・メガロドン
分類：脊椎動物軟骨魚類
時代：第三紀中新世　産地：三重県津市美里町柳谷
サイズ：高さ7.5cm　母岩：砂岩
◎柳谷にはメガロドンが密集しているところがあり、必ずといっていいほど産出する。

■カルカロクレス・メガロドン
分類：脊椎動物軟骨魚類
時代：第三紀中新世　産地：三重県津市美里町柳谷
サイズ：幅1.2cm　母岩：砂岩
◎小さな標本だが、歯根が大きく、黒くて幅の広い歯頸帯が特徴だ。

土山の化石

■アッツリア
分類：軟体動物頭足類
時代：第三紀中新世
産地：滋賀県甲賀市土山町鮎河
サイズ：長径 0.8cm
母岩：砂岩
◎縫合線がよく出ている。

■アッツリア
分類：軟体動物頭足類
時代：第三紀中新世
産地：滋賀県甲賀市土山町鮎河
サイズ：長径 2.9cm
母岩：砂岩

■ツリテラ・サガイ
分類：軟体動物腹足類
時代：第三紀中新世
産地：滋賀県甲賀市土山町鮎河
サイズ：母岩の幅 45cm
母岩：砂岩
◎たくさんのツリテラが同じ方向を向いて並んでいる。

近畿 新生代

■ビカリア
分類：軟体動物腹足類	
時代：第三紀中新世	
産地：滋賀県甲賀市土山町鮎河	
サイズ：高さ8.5cm	母岩：泥岩

◎この標本は砂岩層の合間にあった泥岩より産出したもので，とても分離が良く，しかも保存状態もとても良いものである。新保氏の標本とともに2個体のみ産出。

■ビカリア
分類：軟体動物腹足類	
時代：第三紀中新世	
産地：滋賀県甲賀市土山町鮎河中畑橋	
サイズ：高さ7cm	母岩：砂質ノジュール

◎滋賀県では有名な中畑橋の大露頭。ここではノジュールの中から化石が出る。ただし絶壁になっていて，崖が崩れない限り，採集は困難だ。

■ウミニナの仲間
分類：軟体動物腹足類	
時代：第三紀中新世	
産地：滋賀県甲賀市土山町鮎河	
サイズ：高さ2.8cm	母岩：砂岩

■ビカリエラ
分類：軟体動物腹足類	
時代：第三紀中新世	
産地：滋賀県甲賀市土山町鮎河中畑橋	
サイズ：高さ3.4cm	母岩：砂岩

■エゾフネ
分類：軟体動物腹足類	
時代：第三紀中新世	
産地：滋賀県甲賀市土山町鮎河	
サイズ：長径2.3cm	母岩：砂岩

■イグチ
分類：軟体動物腹足類	
時代：第三紀中新世	
産地：滋賀県甲賀市土山町鮎河中畑橋	
サイズ：高さ3.1cm	母岩：砂岩

■エゾタマキガイ
分類：軟体動物斧足類	
時代：第三紀中新世	
産地：滋賀県甲賀市土山町鮎河	
サイズ：長さ5.7cm	母岩：砂岩

◎成長の模様が残る。

■アサリの仲間
分類：軟体動物斧足類	
時代：第三紀中新世	
産地：滋賀県甲賀市土山町鮎河中畑橋	
サイズ：長さ6.1cm	母岩：砂岩

近畿 新生代

■ミノイソシジミ
分類：軟体動物斧足類	
時代：第三紀中新世	産地：滋賀県甲賀市土山町鮎河
サイズ：長さ 6.1cm	母岩：砂岩

■コベルトフネガイ
分類：軟体動物斧足類	
時代：第三紀中新世	産地：滋賀県甲賀市土山町鮎河
サイズ：長さ 4.2cm	母岩：砂岩

■パチノペクテン・エグレギウス
分類：軟体動物斧足類	
時代：第三紀中新世	産地：滋賀県甲賀市土山町鮎河
サイズ：長さ 4cm	母岩：砂岩

■チョウセンハマグリ
分類：軟体動物斧足類	
時代：第三紀中新世	産地：滋賀県甲賀市土山町鮎河
サイズ：長さ 6.2cm	母岩：砂岩

■鬼面ガニ
分類：節足動物甲殻類
時代：第三紀中新世　　産地：滋賀県甲賀市土山町鮎河
サイズ：幅2.5cm　　母岩：砂岩
◎最大級の鬼面ガニ。

■カニの一種
分類：節足動物甲殻類
時代：第三紀中新世　　産地：滋賀県甲賀市土山町鮎河
サイズ：長さ1.3cm　　母岩：砂質ノジュール
◎縦に長いタイプで，土山では初めての産出だ。

■カニの一種
分類：節足動物甲殻類
時代：第三紀中新世　　産地：滋賀県甲賀市土山町鮎河
サイズ：幅1.4cm　　母岩：砂岩
◎雌型標本。256頁の方法で疑似本体に写真変換。

■カニの一種
分類：節足動物甲殻類
時代：第三紀中新世　　産地：滋賀県甲賀市土山町鮎河
サイズ：幅1.2cm　　母岩：砂岩

■アナジャコ
分類：節足動物甲殻類
時代：第三紀中新世　　産地：滋賀県甲賀市土山町鮎河
サイズ：長さ1.5cm　　母岩：ノジュール
◎（新保標本）

■シャコ
分類：節足動物甲殻類
時代：第三紀中新世　　産地：滋賀県甲賀市土山町鮎河
サイズ：長さ4cm　　母岩：泥岩
◎折れ曲がっていて，頭は裏側についている。

■シャコ
分類：節足動物甲殻類　　時代：第三紀中新世　　産地：滋賀県甲賀市土山町鮎河
サイズ：体長4.5cm　　母岩：泥岩
◎右は裏側を見たところで，尾板が折れ曲がっている。（橋本標本）

■イスルス
分類：脊椎動物軟骨魚類
時代：第三紀中新世　産地：滋賀県甲賀市土山町笹路
サイズ：高さ2.2cm　母岩：砂岩
◎滋賀県内初となるイスルスの歯化石。

■メジロザメ
分類：脊椎動物軟骨魚類
時代：第三紀中新世　産地：滋賀県甲賀市土山町鮎河
サイズ：高さ1.3cm　母岩：砂岩
◎メジロザメとしては大きなほうだ。

■トビエイ
分類：脊椎動物軟骨魚類
時代：第三紀中新世　産地：滋賀県甲賀市土山町鮎河
サイズ：幅1.6cm　母岩：砂岩
◎こちらが咬合面。

■松ぽっくり
分類：裸子植物毬果類
時代：第三紀中新世　産地：滋賀県甲賀市土山町上平
サイズ：長さ8cm　母岩：砂岩
◎上平では松ぽっくりが多産した。

古琵琶湖の化石

■コイの咽頭歯
分類:脊椎動物硬骨魚類
時代:第三紀鮮新世
産地:三重県伊賀市畑村服部川
サイズ:長径 0.8cm
母岩:泥

■亀類の骨
分類:脊椎動物爬虫類
時代:第三紀鮮新世
産地:三重県伊賀市畑村服部川
サイズ:幅 2cm
母岩:泥

■シジミ
分類:軟体動物斧足類
時代:第三紀鮮新世
産地:滋賀県甲賀市水口町野洲川
サイズ:長径 2.1cm
母岩:砂泥岩
◎鮮新世のシジミ化石は珍しい。(新保標本)

■ナガタニシ
分類:軟体動物腹足類
時代:第四紀更新世
産地:滋賀県大津市真野
サイズ:高さ 3.5cm
母岩:粘土
◎ (橋本標本)

■ササノハガイ

分類：軟体動物斧足類	
時代：第四紀更新世	産地：滋賀県大津市仰木二丁目
サイズ：長さ7cm	母岩：粘土

■シジミ

分類：軟体動物斧足類	
時代：第四紀更新世	
産地：滋賀県大津市仰木二丁目	
サイズ：長さ2.5cm	母岩：粘土

■カラスガイ

分類：軟体動物斧足類	時代：第四紀更新世	産地：滋賀県大津市仰木二丁目
サイズ：長さ17.5cm	母岩：粘土	

近畿 新生代

中国・四国

産地	地質時代
古生代	
① 高知県高岡郡越知町横倉山	シルル紀
中生代	
② 徳島県勝浦郡上勝町藤川	白亜紀
③ 徳島県勝浦郡勝浦町中小屋	白亜紀
新生代	
❹ 岡山県津山市皿川	第三紀中新世
❺ 高知県安芸郡安田町唐浜	第三紀鮮新世

横倉山の化石

■クサリサンゴ
分類：腔腸動物床板サンゴ類
時代：シルル紀
産地：高知県高岡郡越知町横倉山
サイズ：左右3cm
母岩：石灰岩～凝灰岩
◎まさにクサリだ。緑色をした独特の石灰岩から産出。

■ハチノスサンゴ
分類：腔腸動物床板サンゴ類
時代：シルル紀
産地：高知県高岡郡越知町横倉山
サイズ：長径6cm
母岩：石灰岩～凝灰岩
◎このように凝灰岩からボール状になって産出する。

■ハチノスサンゴ
分類：腔腸動物床板サンゴ類
時代：シルル紀
産地：高知県高岡郡越知町横倉山
サイズ：左右7cm
母岩：石灰岩
◎縦に切断して研磨したもの。蜂の巣模様が非常に美しい。

■ハチノスサンゴの中の巻貝・セミトウビナ
分類：軟体動物腹足類
時代：シルル紀
産地：高知県高岡郡越知町横倉山
サイズ：径1.9cm
母岩：石灰岩～凝灰岩
◎小さな巻貝を蜂の巣サンゴが取り巻いている。（新保標本）

勝浦の化石

■ツリリトイデス
分類：軟体動物頭足類
時代：白亜紀
産地：徳島県勝浦郡上勝町藤川
サイズ：長さ3cm
母岩：泥質砂岩
◎石灰質は溶けており，保存はあまり良くない。

■マリエラ
分類：軟体動物頭足類
時代：白亜紀
産地：徳島県勝浦郡上勝町藤川
サイズ：長さ4cm
母岩：貝岩
◎左巻だ。（曽和標本）

■パラクリオセラス
分類：軟体動物頭足類
時代：白亜紀
産地：徳島県勝浦郡勝浦町中小屋
サイズ：長径12cm
母岩：貢岩
◎ゆる巻きで，はじめの部分に棘がある。（曽和標本）

■アンモナイトの一種
分類：軟体動物頭足類
時代：白亜紀
産地：徳島県勝浦郡上勝町藤川
サイズ：長径3.5cm
母岩：貢岩

津山の化石

■ビカリア
分類：軟体動物腹足類
時代：第三紀中新世
産地：岡山県津山市皿川
サイズ：高さ6.5cm
母岩：砂礫岩
◎殻をはがすとお下がりになっているものも多い。

皿川の様子。この下流に簡易なゴムの堰があり、それを膨らませて水をせき止めている。水位が下がらないと採集は難しい。

■ビカリア

分類：軟体動物腹足類	時代：第三紀中新世	産地：岡山県津山市皿川
サイズ：高さ10.5cm	母岩：砂岩，泥岩	

◎完品標本。（橋本標本）

中国・四国 新生代

■巻貝の一種
分類：軟体動物腹足類	
時代：第三紀中新世	産地：岡山県津山市皿川
サイズ：高さ3.5cm	母岩：砂礫岩

■シクリナ
分類：軟体動物斧足類	
時代：第三紀中新世	産地：岡山県津山市皿川
サイズ：長さ3.5cm	母岩：砂礫岩
◎オキシジミという。

■ヒルギシジミ
分類：軟体動物斧足類	
時代：第三紀中新世	産地：岡山県津山市皿川
サイズ：長さ7.5cm	母岩：砂礫岩
◎大きなシジミだ。両殻標本であるため、かなりつぶれている。
（橋本標本）

■アナジャコのハサミ
分類：節足動物甲殻類	
時代：第三紀中新世	産地：岡山県津山市皿川
サイズ：幅4cm	母岩：砂質ノジュール
◎ノジュールの中に爪だけが交差して入っていた。

唐浜の化石

■キバウミニナ
分類；軟体動物腹足類
時代：第三紀鮮新世　産地：高知県安芸郡安田町唐浜
サイズ：高さ7cm　母岩：砂泥
◎完全体。

■ウラシマガイ
分類；軟体動物腹足類
時代：第三紀鮮新世　産地：高知県安芸郡安田町唐浜
サイズ：高さ3.8cm　母岩：砂泥
◎完全体。

■アポロン
分類；軟体動物腹足類
時代：第三紀鮮新世　産地：高知県安芸郡安田町唐浜
サイズ：高さ2.6cm　母岩：砂泥
◎アラレバイ。

■ヒオウギ
分類；軟体動物斧足類
時代：第三紀鮮新世　産地：高知県安芸郡安田町唐浜
サイズ：長さ2.1cm　母岩：砂泥

中国・四国 新生代

■ツツガキ
分類：軟体動物斧足類
時代：第三紀鮮新世
産地：高知県安芸郡安田町唐浜
サイズ：径2.9cm、高さ9.8cm　母岩：砂泥
◎これでも二枚貝だ。下方に二枚貝の名残がある。

■ツツガキの先端
分類：軟体動物斧足類
時代：第三紀鮮新世
産地：高知県安芸郡安田町唐浜
サイズ：径2.6cm　母岩：砂泥
◎殻口部（先端部分）。

■ツツガキの根部
分類：軟体動物斧足類
時代：第三紀鮮新世
産地：高知県安芸郡安田町唐浜
サイズ：長径2cm　母岩：砂泥
◎根部（実際はもっと長い根が生えている）。

■キヌタアゲマキ
分類：軟体動物斧足類
時代：第三紀鮮新世
サイズ：長さ3.8cm
産地：高知県安芸郡安田町唐浜
母岩：砂泥

九州

産地	地質時代
中生代	
① 熊本県上天草市龍ケ岳町椚島	白亜紀
② 熊本県上天草市姫戸町姫戸公園	白亜紀
新生代	
❸ 宮崎県児湯郡川南町通浜	第三紀鮮新世
❹ 大分県玖珠郡九重町奥双石	第四紀更新世

天草の化石

■六射サンゴ
分類：腔腸動物六射サンゴ類	
時代：白亜紀	産地：熊本県上天草市姫戸町姫戸公園
サイズ：径0.8cm	母岩：頁岩

◎ポリプのあった場所の雌型だ。

■ユーパキディスカス
分類：軟体動物頭足類	
時代：白亜紀	産地：熊本県上天草市龍ケ岳町椚島
サイズ：長径3.3cm	母岩：頁岩

◎ヘソのまわりに棘が見える。

■ポリプチコセラス
分類：軟体動物頭足類	時代：白亜紀	産地：熊本県上天草市龍ケ岳町椚島
サイズ：長径13.3cm	母岩：頁岩	

◎大きくてほぼ完全な標本だ。

■ゴードリセラス
分類：軟体動物頭足類
時代：白亜紀　　産地：熊本県上天草市龍ケ岳町椚島
サイズ：長径6cm　母岩：頁岩

■ダメシテス
分類：軟体動物頭足類
時代：白亜紀　　産地：熊本県上天草市龍ケ岳町椚島
サイズ：長径2.6cm　母岩：頁岩

■アプチクス
分類：軟体動物頭足類
時代：白亜紀　　産地：熊本県上天草市龍ケ岳町椚島
サイズ：長さ1.8cm　母岩：頁岩
◎アンモナイトの顎器である。

■シュードオキシベレセラス？
分類：軟体動物頭足類
時代：白亜紀　　産地：熊本県上天草市龍ケ岳町椚島
サイズ：長さ3cm　母岩：頁岩
◎小さなイボが並んでいる。

九州 中生代

■イノセラムス
分類：軟体動物斧足類
時代：白亜紀　産地：熊本県上天草市龍ケ岳町椚島
サイズ：長さ4.5cm　母岩：頁岩

■ワタゾコツキヒ
分類：軟体動物斧足類
時代：白亜紀　産地：熊本県上天草市龍ケ岳町椚島
サイズ：高さ1.5cm　母岩：頁岩

■アピオトリゴニア
分類：軟体動物斧足類
時代：白亜紀　産地：熊本県上天草市龍ケ岳町椚島
サイズ：長さ2.5cm　母岩：頁岩

■ナノナビス
分類：軟体動物斧足類
時代：白亜紀　産地：熊本県上天草市龍ケ岳町椚島
サイズ：長さ3.6cm　母岩：頁岩

九州 中生代

■グリキメリス
分類：軟体動物斧足類	
時代：白亜紀	産地：熊本県上天草市龍ケ岳町椚島
サイズ：長さ3cm	母岩：頁岩

■ツノガイ
分類：軟体動物掘足類	
時代：白亜紀	産地：熊本県上天草市龍ケ岳町椚島
サイズ：長さ6cm	母岩：頁岩

■クレトラムナ
分類：脊椎動物軟骨魚類	
時代：白亜紀	産地：熊本県上天草市龍ケ岳町椚島
サイズ：高さ0.5cm	母岩：頁岩

■ウニ
分類：棘皮動物ウニ類	
時代：白亜紀	産地：熊本県上天草市龍ケ岳町椚島
サイズ：長径5cm	母岩：頁岩

通浜の化石

化石海岸で化石を探す。通浜の海岸は化石でいっぱいだ。ただし，干潮の時をねらっていかないとダメだし，海が荒れているときは危ないのでやめたほうがよい。また，現生の死んだ貝類もあるので間違わないように。

■センスガイ

分類：腔腸動物六射サンゴ類	
時代：第三紀鮮新世	産地：宮崎県児湯郡川南町通浜
サイズ：幅4.8cm	母岩：砂泥岩

■フルイサンゴの仲間

分類：腔腸動物六射サンゴ類	時代：第三紀鮮新世	産地：宮崎県児湯郡川南町通浜
サイズ：径0.6cm	母岩：砂泥岩	

九州 新生代

■アカニシ
分類：軟体動物腹足類	
時代：第三紀鮮新世	産地：宮崎県児湯郡川南町通浜
サイズ：高さ 12㎝	母岩：砂泥岩

■イセヨウラク
分類：軟体動物腹足類	
時代：第三紀鮮新世	産地：宮崎県児湯郡川南町通浜
サイズ：高さ 4.5㎝	母岩：砂泥岩

■ハシナガイグチ
分類：軟体動物腹足類	
時代：第三紀鮮新世	産地：宮崎県児湯郡川南町通浜
サイズ：高さ 10㎝	母岩：砂泥岩

◎（新保標本）

■テングニシ
分類：軟体動物腹足類	
時代：第三紀鮮新世	産地：宮崎県児湯郡川南町通浜
サイズ：高さ 18㎝	母岩：砂泥岩

◎大きなテングニシである。完全体なら25㎝はあると思われる。

九州 新生代

■エビスガイの仲間
分類：軟体動物腹足類
時代：第三紀鮮新世　産地：宮崎県児湯郡川南町通浜
サイズ：高さ1.3cm　母岩：砂泥岩
◎トゲエビスか。

■エビスガイの仲間
分類：軟体動物腹足類
時代：第三紀鮮新世　産地：宮崎県児湯郡川南町通浜
サイズ：高さ1.3cm　母岩：砂泥岩
◎ハリエビスか。

海中に化石が見えているので，仕方なく水中にタガネを打つ。打つ度に水しぶきが上がってびしょびしょになる。干潮の時だと大丈夫だ。

■クマサカガイ
分類：軟体動物腹足類
時代：第三紀鮮新世　産地：宮崎県児湯郡川南町通浜
サイズ：長径6.1cm　母岩：砂泥岩
◎分離が悪いので，石膏で型どりした。

九州 新生代

モミジツキヒの産状。モミジツキヒはたくさん産出するが、表を向けて地層から出ることはまれだ。殻表はざらざらし、内側はつるつるしているので、どうしても内側が分離してしまう。そして、それをそのまま取り出そうとすると、殻が薄いので壊れてしまうのだ。仕方なく殻の内側に石膏を塗って、壊れないようにかためてしまう。そうすると簡単に取り出すことができる。

■モミジツキヒ

分類：軟体動物斧足類	
時代：第三紀鮮新世	産地：宮崎県児湯郡川南町通浜
サイズ：長さ12.7cm	母岩：砂泥岩

◎化石を母岩ごと大きく取り出し、後に殻表を覆っている土を取り除いてやる。そうするとこういう母岩付きの立派な標本が得られる。

■ツヤガラス

分類：軟体動物斧足類	
時代：第三紀鮮新世	産地：宮崎県児湯郡川南町通浜
サイズ：長さ7.5cm	母岩：砂泥岩

◎このように立った状態（現地性の生き埋め状態）で産出した。

九州 新生代

■キヌタアゲマキ
分類：軟体動物斧足類	
時代：第三紀鮮新世	
産地：宮崎県児湯郡川南町通浜	
サイズ：長さ 3.6cm	母岩：砂泥岩

■ヒオウギ
分類：軟体動物斧足類	
時代：第三紀鮮新世	
産地：宮崎県児湯郡川南町通浜	
サイズ：長さ 7.1cm，高さ 7.2cm	母岩：砂泥岩

■エゾタマキガイ
分類：軟体動物斧足類	
時代：第三紀鮮新世	産地：宮崎県児湯郡川南町通浜
サイズ：長さ 5cm	母岩：砂泥岩

■ベンケイガイの仲間
分類：軟体動物斧足類	
時代：第三紀鮮新世	産地：宮崎県児湯郡川南町通浜
サイズ：高さ 3.2cm	母岩：砂泥岩

■ビノスガイモドキ
分類：軟体動物斧足類
時代：第三紀鮮新世
産地：宮崎県児湯郡川南町通浜
サイズ：長さ5cm　母岩：砂泥岩

■カニのハサミ
分類：節足動物甲殻類
時代：第三紀鮮新世
産地：宮崎県児湯郡川南町通浜
サイズ：長さ12cm　母岩：砂泥岩
◎ハサミだけでこの大きさだから、いかに大きなカニかということがわかる。

■ヒラタブンブク
分類：棘皮動物ウニ類
時代：第三紀鮮新世
産地：宮崎県児湯郡川南町通浜
サイズ：長径3.5cm　母岩：砂泥岩
◎心臓形のウニ類。

■獣骨
分類：脊椎動物哺乳綱鯨類？
時代：第三紀鮮新世
産地：宮崎県児湯郡川南町通浜
サイズ：長さ26cm　母岩：砂泥岩
◎鯨の骨の一部と思われる。

奥双石の化石

火山灰層と火山礫
火山灰の上に安山岩の火山礫が堆積している。火山地帯の一角である現地の地層は水平であり、上記も含めて考えると、意外に時代が新しく、更新世とすべきと考える。植物化石も炭化していないものもある。

■**層理のあるノジュール**
分類：──
時代：第四紀更新世
サイズ：長径 8cm
産地：大分県玖珠郡九重町奥双石
母岩：ノジュール
◎ここでは一風変わったノジュールをつくる。

■**羽アリ**
分類：節足動物昆虫類
時代：第四紀更新世
産地：大分県玖珠郡九重町奥双石
サイズ：長さ 0.8cm
母岩：火山灰層
◎体の大きさに比べ、ずいぶんと羽が長い。

■**ノジュール中の植物化石**
分類：被子植物双子葉類
時代：第四紀更新世
産地：大分県玖珠郡九重町奥双石
サイズ：ノジュールの径 8.2cm
母岩：ノジュール
◎ノジュール中の葉っぱの化石はあまり見ない。

付録

1　化石採集の方法
2　化石のクリーニング方法
3　化石標本の整理方法
4　化石標本の撮影方法
5　化石採集の装備一覧表
6　全国の主な化石産地・産出化石
7　化石訓
8　化石の分類別索引

付録

1 化石採集の方法

化石採集で使う道具類

●ツルハシ
ツルハシは化石採集にとっては不可欠な道具だ。柔らかい地層を掘るのはもちろんのこと，崖を登る際に足場を掘る道具としても必要だ。北海道ではアンツルというものを愛用する人が多いが，それで崖を登ることはかなり難しい。

●クワとデッキブラシ
クワは土砂を掻き出すために必要だ。あるのとないのとでは大きな差が出る。地層を掘ったときに出る大量の土砂を処分するためだ。また，デッキブラシは岩盤にこびりついたコケなどを落とすために必要だ。

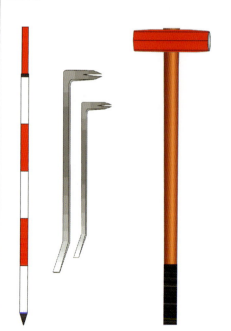

●測量棒
伸縮式の測量棒は何かと役に立つ。工事現場で，ヘルメットをかぶり，それなりの服装をし，これを持って歩いているとお辞儀をされることがある。
また，伸縮式なので，めいっぱい伸ばし，崖の上のノジュールをつついて落とすことができるのだ。

●バール
地質時代の新しい場所では使わないかもしれない。時代が古く，大きな岩石のある場合には必要だ。

●大型ロックハンマー
硬い石や大きな石を割るためにはどうしても必要になってくる。2.5kg程度がちょうど良い。

付録 1 化石採集の方法

 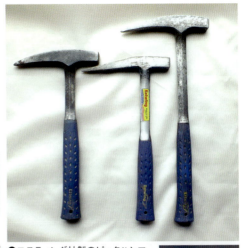

●土牛産業製のピックハンマー（右）とチゼルハンマー（左・中央）

●エスティング社製のピックハンマー　右側の柄の長いものはピッケル代わりにもなり、斜面を登るときに便利だ。

※ここがポイント……土牛産業のものは角が角張っていて石が割れやすい。エスティング社のものは面取りがしてあって、石が割れにくい。また、土牛産業のものは柄がパイプ製で軽く、振りやすい。

●玄翁類
大きな石を割るときに使う。

●小割り用のハンマー
石を細かく割るときに使用する。200g前後が使いやすい。

●タガネ類
大きな石を割ったり、欠いたりするときに使う。左端は削岩機の先端だ。頑丈で使いやすく、しかも比較的安価で売っている。

239

付録
1 化石採集の方法

●リュックサック
大きめで丈夫なものを選ぶこと。

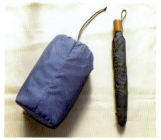
●雨具
ゴアテックスのものを選ぶ。

●長靴
スパイク付きのものが好ましい。

●弁当

●水筒

●手袋

●ティッシュ

●カメラ
防塵・防水カメラが良い。

●筆記用具

●地図・地質図

●笛・磁石
笛は熊除けにもなる。

●古新聞

付録　1　化石採集の方法

●鏡・目薬
石や埃が目に入りやすいので必携だ。

●防塵めがね

●目印のテープ
石や木にくくりつける。

●防虫ネット

●絆創膏，防虫スプレー，虫さされ薬

●鈴のいろいろ
北海道では必要不可欠だ。

●タッパー
壊れやすいものを入れるのに必携だ。

●フィルムケース
小さくて壊れやすいものを入れる。

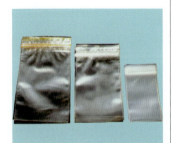
●ナイロン小袋

●接着剤

●双眼鏡
崖の中の化石を探す。

●ルーペ

付録

1 化石採集の方法

●ナイフ，ノコギリなど
春先の北海道ではノコギリは必携。

●ブラシ

●ハケ

●石膏

●バケツ
折りたたみ式が便利。

●熊手など

●てみ

●フルイ
砂の中のサメの歯を探す。

ちょっと一息，産地は近い。

化石採集の実際

□石の割り方

小さな石を地面に置いて割るのはだめだ。せっかくの力が地面に逃げてしまって，うまく割ることはできない。小さな石を割るときは，石を手に持って，ハンマーでたたいてやる。

ハンマーの当て方には2通りあり，石の上方を割るときは平らな面の下の角を，石の下方を割るときは平らな面の上の角を使用する。

□化石の掘り方

化石は壊れやすいものなので，その場で母岩から取り出すのではなく，帰ってから机の上で取り出すようにしたい。そのために，現地で化石を母岩ごと大きく取り出さなければならない。しかし，これが非常に面倒で，壊してしまうことがよくある。もうこのくらいでいいだろうではなく，まだダメだという気持ちで慎重に発掘してほしい。

●金沢市大桑町で獣骨を採集する
柔らかい粘土層の中に鰭脚類の上腕骨を発見。壊れかけていたので，ヒビに瞬間接着剤を流して補強，あとは大きく母岩ごと掘り出した。

●高岡市頭川でホタテを採集する
頭川層は柔らかい砂の地層である。この中から薄っぺらいホタテ類を壊すことなく取り出すのは，けっこう大変な作業である。

2 化石のクリーニング方法

クリーニングの基礎　水で洗う

化石を採集してきたらまず水で洗うことが大事だ。野外で採集しているので当然にして汚れている。見栄えが悪いのはもちろんのこと、大事な化石も見逃すことになる。ブラシを使ってよく洗うことからクリーニングが始まる。ただし、水に漬けただけで壊れたり、ものによっては水に流れたりするものもあるので、そこは注意する。そういうときは、あらかじめ最小限に仮接着して、そろっとハケでなでる程度に洗おう。あとは完全に乾燥させて、これからのクリーニング計画を練る。

接着する

化石は壊れることが多い。また、母岩も壊れていることはごく普通のことだ。接着して元に戻してやればいいので、そこは丁寧にやろう。

接着に失敗する原因は、接着の前に石を洗っていないことによる。小さな砂粒などが石の表面に残り、それを咬んだまま接着すると隙間が空いてしまう。隙間が空いたまま接着した母岩は、見苦しいだけでなく、ハンマーやタガネの振動には耐えられず、いずれは壊れてしまう運命だ。隙間なく接着し、これから始まるタガネワークに備えたい。

○　良い例：石が隙間なく接着してある
万力などで圧着するときれいに接着できる。

×　悪い例：石に隙間ができている
砂粒などを咬んでしまうとこういうことになる。

石を割る，はつる，掘る

●ハケ類
ほこりを払うのに使う。

●サンドバッグ
この上に石を置き，タガネを用いてクリーニングをする。

●三木技研製のハンマー類
クリーニング用のタガネをたたいたり，石を小割りしたりするときに使用する。100〜150gくらいの重さが使いやすい。

付録 2 化石のクリーニング方法

●コンクリート針
十分にタガネの代わりをする。

●ドリルを利用したタガネ
左5本は化石仲間手作りの凸タガネ。

●ニチカ製タガネ
左から径6mm，5mm，4mm，平タガネ。

●ドリルを利用した平タガネ
化石仲間手作りの平タガネだ。これらははつり用にちょうど良い。

●ケガキ針，クラフトナイフ
砂粒をとばしたりするときに使える。

クリーニングの実際　タガネワーク

□ **クリーニングの環境**

クリーニングは部屋の中で，机上でするのが望ましい。なぜなら，破片を飛ばしたとき，探しやすいからである。大事な破片を飛ばしてしまうことは往々にしてあるものだ。しかし，見つけて接着すればことは片がつく。
野外でやると，探し出すことはまず困難だ。
部屋の中でも簡単に見つからず，掃除機をかけて，中にたまったゴミの中から見つけることもあるくらいだ。

● 我が家のクリーニング部屋。石が飛ぶので，机の上を段ボールで囲ってやると良い。クリーニングの都度掃除は欠かせない。1つの石ごとに掃除してやると破片探しも楽だ。

□ **タガネワークのポイント**

タガネは石に突き刺すようにしてはならない。先端を石からわずかに浮かせるようにしてたたくこと。そうしないと無用な傷がつきやすい。
また，石の表面に対して斜めにタガネを当てると，タガネの先端に無理な力がかかり，簡単に折れてしまう。タガネは石の表面に対してできるだけ垂直に当てよう。筋のような傷がつかないようにしないと見苦しい。おおかた終わったら，周囲の傷を消すように，小さく石の山をはつっていくと良い。

● アッツリアをクリーニングしているところ。

石を磨く、削る、艶を出す

●研磨剤

●スプレーラッカーと艶だし剤
ワニスやグロスバーニッシュといった艶出し剤も使える。また，ワックスなども有効な場合がある。

●ガラス板
研磨剤を交換するたびに，石もガラス板も水で洗ってやること。そうしないと研磨剤が残って傷がつきやすい。また，研磨剤の番手を交換するときは，ガラス板も交換する。粗い番手で使ったガラス板を細かい番手で使うと，ガラス片が混じって化石に傷をつけやすいためである。

●研磨の様子
ガラス板のうえに研磨剤をまき，水を垂らしてから磨きにかかる。しだいに研磨剤が粘着性を帯びてくるので，そうなると研磨剤を交換する。
これを何度も繰り返し，そこそこ平らになったところで，粒子の小さなものに変える。これを繰り返していくと，きれいな研磨面となる。
180，320，350，800，1500と交換していき，最後は艶を出す研磨剤で磨いてやる。最後の磨きは，布に研磨剤をつけ，手で磨くことになる。面倒なときは，スプレーラッカーを使うと簡単にきれいになる。

石を溶かす、補強する

●酸処理で使う薬品類
左から、塩酸、酢酸、蟻酸だ。塩酸は石灰岩を溶かすときに使う。溶かしきるときに使うため、使用量が多く必要になることがある。価格は1本500円程度で買えるが、1日に2本くらい使うので費用がかかる。
酢酸は石灰岩の表面処理に使う。少しだけ漬けてやると、風化面のようになる。蟻酸も表面処理に使うことが多いが、塩酸のように溶かしきるときにも多く使う。
ノジュール内の歯や骨を取り出すときにはこれを使うことが多い。（63, 177頁参照）

●パラロイドとアセトン
パラロイドは粒状をしたプラスチックだ。溶剤（通常、アセトンやキシレンを使う）でパラロイドを溶かし、その溶液を骨や歯の化石の表面に塗布し、皮膜をつくったり、染みこませて保護したりするために使用する。
なお、濃度は5％程度を目安にするとよく、薄めにつくっておき、何度も塗布すると失敗しない。
被膜をつくって保護をする方法として、木工用ボンドを水で溶かし、それを塗布するという方法もある。筆者の場合、柔らかい砂の母岩に対してはこれを塗布し、いったんかためてからクリーニングするという方法をとっている。

●水酸化ナトリウム
水酸化ナトリウム（苛性ソーダ）は水溶性で強アルカリ性の薬品だ。使用するときには十分に注意しよう。
泥炭層の中などにある葉っぱなどを抽出するときに使う。

□クリーニングの裏技①
化石の表面に砂がこびりついて見苦しいことがよくあるだろう。そんなとき、粘着テープを化石に貼りつけ、一気にはがすと砂粒が取れる。ただし、化石が丈夫でないと化石も壊れてしまうので注意が必要。意外と使える裏技だ。

□クリーニングの裏技②
母岩が石灰岩の場合、火で焼いたあと水で急冷すると、中の化石が分離しやすくなることがある。鉱物によって収縮率が違ったり、結晶の方向が違ったりして分離しやすくなるのだろう。必ずしもうまくいくとは限らないが、試料がたくさんあるのなら、一度試してみるのも良いだろう。

クリーニングの実際　薬品処理

（酸処理については，63，177頁でも解説しているので参照のこと）
塩酸も蟻酸も基本的には同じなので，全般として解説する。
濃度については，塩酸の場合は，ぶくぶくと泡が出ない程度，シャーと泡立つくらいが良い。濃度が高いと，勢いよくガスが発生して，その圧力で化石が壊れてしまうことがある。細かな泡が少しずつ出るようにして使用する。そして，1時間に1回くらいは溶液から取り上げて様子を見たい。
母岩を溶かしきり，中から化石の本体を取り出す場合はこれを繰り返す。
表面処理を行う場合は，酸の種類や処理の時間によって表面の雰囲気が微妙に変わってくるので，いろいろ試してみるのが良いだろう。下の4枚の写真を参考にしてほしい。経験上，酢酸処理がもっとも自然な風化面を再現するようだ。

●自然の風化面（権現谷産の石灰岩）

●塩酸処理

●酢酸処理

●蟻酸処理

付録　2　化石のクリーニング方法

クリーニングで使う道具類

●携帯式の万力
接着剤をつけ,これで圧着して確実に接着する。

●ヤットコ,ニッパーなど
石の中から化石を割り出すときに使用する。

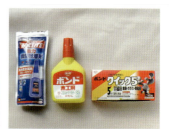

●接着剤
左から瞬間接着剤,木工用ボンド,エポキシ系接着剤。

●手回し式グラインダー
速度が調節できるので,これがベストだ。

●平面研磨機
トルクが強く,タガネをとがらせるには良い。

●普通のグラインダー

●バイブレペン
砂粒をとばすのに最適だ。新潟精機製。

●ルーター

●実体顕微鏡

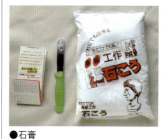

●石膏

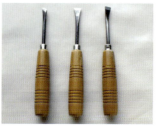

●彫刻刀

●ダイヤモンドヤスリ

3 化石標本の整理方法

化石標本が増えてくると，きれいに収納しないと収拾がつかない。見たい化石をすぐに取り出せ，壊すことなく保管するためには，標本箱が必要だ。なお，箱の外にラベルを貼り，何が入っているのかを記入しておくと探しやすい。

●一般的なコンテナ
大きな標本などを収納する。

●餅箱
小さな標本を収納するのに使用する。
内部には小箱を組み合わせて配置する。

●自作の木箱
以前はこんなものを自作していた。小箱の大きさに合わせて作ってある。

●自作の木製整理タンス
高校生のときにつくったもの。

●蓋付きの標本小箱
特に大事な標本などを収納する。内部には綿を敷くなどして破損しないようにする。

●紙製の標本小箱
市販の標本小箱だ。標本の大きさに合わせて組み合わせて使う。

●番号表
パソコンで打ち出し，コピーしてから使う。そうしないと水に濡れたら印字が流れてしまう。

●標本ラベル
必要項目は自分で考えよう。

付録 3 化石標本の整理方法

化石の台帳と統計

□標本台帳

化石標本が増えてくると，どこで採集したのか，いつ採ったのかということがすぐには思い出せなくなってしまう。そのためには標本ラベルが必要になってくるが，その他に一覧表をつくってやると何かと便利である。汎用ソフトのエクセルで台帳をつくってやると，時代ごとに並び替えができたり，種類ごとにその数が把握できたりと，簡単な操作で自分の欲しいデータを取り出すことができる。

●筆者が使っている標本台帳

エクセルに各項目を入力して台帳としている。連動して，検索表も作成した。表計算ソフトとして誰もが使っているソフトだが，意外と奥が深い。また，ピボットテーブルを使うと簡単に統計がとれる。

F-No.	属名・種名	和名	分類	地質時代	紀・世	産地区分
879	タルボ	タツマキサザエ	軟体動物腹足類	新生代	第三紀鮮新世	
880	四射サンゴ	四射サンゴ	腔腸動物四射サンゴ類	古生代	ペルム紀	
881	ハンノキ	ハンノキ	被子植物双子葉類	新生代	第三紀鮮新世	
882	四射サンゴ	四射サンゴ	腔腸動物四射サンゴ類	古生代	ペルム紀	
883	エゴノキ	エゴノキ	被子植物双子葉類	新生代	第三紀鮮新世	
884	ダメシテス	ダメシテス	軟体動物頭足類	中生代	白亜紀	1
885	ミズホペクテン・ポクルム	カズウネホタテ	軟体動物斧足類	新生代	第三紀鮮新世	
886	四射サンゴ	四射サンゴ	腔腸動物四射サンゴ類	古生代	ペルム紀	
887	四射サンゴ	四射サンゴ	腔腸動物四射サンゴ類	古生代	ペルム紀	
888	四射サンゴ	四射サンゴ	腔腸動物四射サンゴ類	古生代	ペルム紀	
889	四射サンゴ	四射サンゴ	腔腸動物四射サンゴ類	古生代	ペルム紀	
890	四射サンゴ	四射サンゴ	腔腸動物四射サンゴ類	古生代	ペルム紀	
891	四射サンゴ	四射サンゴ	腔腸動物四射サンゴ類	古生代	ペルム紀	
892	四射サンゴ	四射サンゴ	腔腸動物四射サンゴ類	古生代	ペルム紀	
893	テトラゴニテス	テトラゴニテス	軟体動物頭足類	中生代	白亜紀	1
894	四射サンゴ	四射サンゴ	腔腸動物四射サンゴ類	古生代	ペルム紀	
895	四射サンゴ	四射サンゴ	腔腸動物四射サンゴ類	古生代	ペルム紀	
896	四射サンゴ	四射サンゴ	腔腸動物四射サンゴ類	古生代	ペルム紀	
897	メナイテス	メナイテス	軟体動物頭足類	中生代	白亜紀	1
898	四射サンゴ	四射サンゴ	腔腸動物四射サンゴ類	古生代	ペルム紀	
899	四射サンゴ	四射サンゴ	腔腸動物四射サンゴ類	古生代	ペルム紀	
900	六射サンゴ	六射サンゴ	腔腸動物六射サンゴ類	中生代	白亜紀	
901	魚骨	魚骨	脊椎動物硬骨魚類	中生代	白亜紀	1
902	サメの脊椎	サメの脊椎	脊椎動物軟骨魚類	中生代	白亜紀	1
903	リンコネラ	リンコネラ	腕足動物有関節類	古生代	ペルム紀	
904	リンコネラ	リンコネラ	腕足動物有関節類	古生代	ペルム紀	
905	腕足類	腕足類	腕足動物有関節類	古生代	ペルム紀	
906	腕足類	腕足類	腕足動物有関節類	古生代	ペルム紀	
907	腕足類	腕足類	腕足動物有関節類	古生代	ペルム紀	
908	ベレロフォン	ベレロフォン	軟体動物腹足類	古生代	ペルム紀	
909	腕足類	腕足類	腕足動物有関節類	古生代	ペルム紀	
910	シュードシュワゲリナ	シュードシュワゲリナ	原生動物紡錘虫類	古生代	ペルム紀	

付録 3 化石標本の整理方法

H 産地区分	I 産　出　地	J 採集者 寄贈者	K 採集日 寄贈日	L 備　考	M 売却1欠	N 登録 保存	O 標本の所在地
	高知県安芸郡安田町唐浜	大八木 和久	2011.2.26				
	滋賀県犬上郡多賀町珊瑚山頂上	大八木 和久	1972.4.29				2階 5畳 タンス
	三重県員弁郡藤原町上之山田	大八木 和久	1983.4.17				2階 3畳 木箱大
	滋賀県犬上郡多賀町珊瑚山頂上	大八木 和久	1972.4.29				2階 3畳 木箱大
	三重県員弁郡藤原町上之山田	大八木 和久	1983.4.17				2階 5畳 キャビネット引き出し7
1	北海道苫前郡羽幌町逆川	大八木 和久	2007.7.1				玄関 青コンテナ 中
	富山県高岡市五十辺	大八木 和久	2010.7.25				
	滋賀県犬上郡多賀町珊瑚山頂上	大八木 和久	1972.4.29				2階 5畳 タンス
	滋賀県犬上郡多賀町珊瑚山頂上	大八木 和久	1972.4.29	800選掲載	6	◎	2階 5畳 タンス
	滋賀県犬上郡多賀町珊瑚山頂上	大八木 和久	1972.4.29				2階 5畳 タンス
	滋賀県犬上郡多賀町珊瑚山頂上	大八木 和久	1972.4.29	800選掲載	6	◎	2階 5畳 タンス
	滋賀県犬上郡多賀町珊瑚山頂上	大八木 和久	1972.4.29				2階 5畳 タンス
	滋賀県犬上郡多賀町珊瑚山頂上	大八木 和久	1972.4.29				2階 5畳 タンス
	滋賀県犬上郡多賀町珊瑚山頂上	大八木 和久	1972.4.29				2階 5畳 タンス
1	北海道苫前郡羽幌町逆川	大八木 和久	2007.7.1				
	滋賀県犬上郡多賀町珊瑚山頂上	大八木 和久	1972.4.29				2階 5畳 タンス
	滋賀県犬上郡多賀町珊瑚山頂上	大八木 和久	1972.4.29	800選掲載	6	◎	2階 5畳 タンス
	滋賀県犬上郡多賀町珊瑚山頂上	大八木 和久	1972.4.29				2階 5畳 タンス
1	北海道苫前郡羽幌町逆川	大八木 和久	2007.7.1				1階 4畳
	滋賀県犬上郡多賀町珊瑚山頂上	大八木 和久	1972.4.29				1階 4畳 タンス
	滋賀県犬上郡多賀町珊瑚山頂上	大八木 和久	1972.4.29				2階 5畳 タンス
	熊本県上天草市姫戸町姫浦公園	大八木 和久	2006.3.22				2階 5畳 100円白
	北海道宗谷郡猿払村上猿払	大八木 和久	2008.6.25				
1	北海道中川郡中川町炭ノ沢口	大八木 和久	2008.5.25			◎	
	滋賀県犬上郡多賀町権現谷第一堰堤西南	大八木 和久	1972.4.30				2階 5畳 マス目
	滋賀県犬上郡多賀町権現谷第一堰堤西南	大八木 和久	1972.4.30				2階 3畳 緑コンテナ
	滋賀県犬上郡多賀町権現谷第一堰堤西南	大八木 和久	1972.4.30				2階 5畳 マス目
	滋賀県犬上郡多賀町権現谷第一堰堤西南	大八木 和久	1972.4.30				2階 5畳 マス目
	岐阜県本巣市根尾初鹿谷 一の沢	大八木 和久	2011.4.13				
	滋賀県犬上郡多賀町権現谷第一堰堤西南	大八木 和久	1972.4.30				2階 5畳 マス目
	滋賀県彦根市原石山	大八木 和久	1983.4.2				2階 3畳 木箱大

標本の検索

標本番号	1227	← 番号を入力して下さい
学　名	メタプラセンチセラス	
和　名	メタプラセンチセラス	
分　類	軟体動物頭足類	
地質時代	中生代　　白亜紀	
産 出 地	北海道天塩郡遠別町清川林道	
採 集 者 寄 贈 者	大八木 和久	採 贈 日　2010.9.21
備　考		標本の所在地

●エクセルのブック内につくった検索表
標本台帳と連動していて,標本番号を打ちこむと,学名以下が表示される。
これだとたくさんの中から簡単にデータが参照でき,いちいち長いデータをスクロールして探す必要はない。
(V LOOK UP 関数を用いて作成)

4 化石標本の撮影方法

筆者の使用しているカメラの紹介と特徴

コンパクトカメラでも接写は十分可能だ。ただし，しっかりと撮影したい。最近のカメラは高画質であるが，特性に注意して選ぼう。マクロ撮影機能（1cm）と絞り優先機能がついているものが良い。そうすればピントが深くなり，ぼけにくい。

●リコー CX2，CX6
コンパクトで接写にとても強いカメラだ。

●富士フイルム FINEPIX HS30EXR
望遠も接写もうまくこなせるカメラだ。

●左 オリンパス μ725SW，右ペンタックス WG-2GPS
ともに防塵・防滴仕様のカメラで，野外持ち出し用だが，接写もこなす。

● Canon PowerShot G10
画質はいいが，望遠，接写は苦手。

●ミニ三脚……左は机の端や車の窓ガラスにも取りつけ可能な機種。
中央は一般的なミニ三脚（ベルボン，mini-F），ボルトとナットを組み合わせ，ウェイトも作った（右）。

付録 4 化石標本の撮影方法

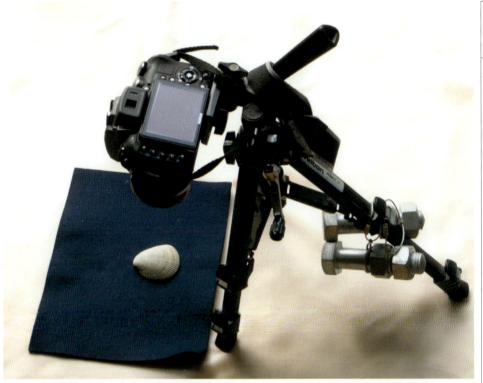

こんな感じで撮影する。

ポイント1　手ぶれを防止するために，三脚やコピースタンドを必ず使用することが肝心だ。最近のデジカメは手ぶれ防止機能がついているものが多いが，しっかりとした写真を撮るためにはあてにしないほうが賢明だ。標本の背後には黒っぽい布や紙などを置くと良い。また，露出補正をして何枚も撮影すれば安心だ。

ポイント2　光源は，磨りガラス越しの太陽光が望ましい。網戸越しも良い。直射日光は光が強すぎてダメだ。窓を閉め，窓際で午前中に撮影するのがいいだろう。夕方は光が黄色みを帯びるのでやめたほうがよい。日中，太陽の高度が高いと採光がしにくいので，夏場なら8時から10時頃がやりやすい。蛍光灯は緑がかった色になりやすいのでこれもよくない。フラッシュは光量の調整が難しい。

ポイント3　ミニ三脚は軽いので倒れやすい。そのため，1本の足におもりをぶら下げてやると良い。筆者は，ホームセンターで大きなボルトとナットを購入し，うまく組み合わせて使用している。これでだいたい安定する。

ポイント4　片方からのかたよった光源になるので，レフ板（白い厚紙で代用可能）を用いて，必要なところに光を補ってやることが肝心だ。あまりコントラストが強すぎると見にくい写真になる。

ポイント5　写りの良い写真が撮りたければ，以上のようなことを常に頭に入れ，しっかりと撮影するようにしよう。蛍光灯の下で，手持ちで，しかも携帯電話で撮影するなど，もってのほかである。人に見せても恥ずかしくないような写真を撮るように心がけたい。

撮影の裏技　雌型を雄型にする

化石が溶け去り，雌型しか採集できなかったということは往々にしてあるものだ。しかし，雌型というものは生き物本体の外形を忠実にコピーしているのであって，それを活用しない手はない。石膏やシリコンで型をとるという方法もあるが，ここで説明するのは，写真だけで簡単にやってのける方法だ。

人間の目の特性らしく，左上方からの光源による陰影が自然な立体感を作り出しているらしい。これを逆手にとり，あえて180度逆に撮影し，元に戻して見るという方法だ。

つまり，本体を上下逆に置き，左上方から光を当てて撮影する。そしてその写真を180度反転して見る。するとどうだろう，雌型の化石が雄型，いや本体の写真に見えるのだ。しかも外形は忠実なコピーだから，本物の標本写真（本書では疑似本体写真と呼ぶことにする）ができるわけだ。69頁のファコプスや70頁のアカントピゲ，143頁の松ぼっくりなどもこのようにして撮影している。本物のように見えるから不思議だ。普通に撮影したものと比較して見るとおもしろい。

①これは雌型標本をあえて逆さまにして撮ったもの。雌型は外形がスタンプされている。

②左の写真を180度回転させて元に戻したところ。膨らんで見える。

●これは雄型標本を普通に撮ったもの。雄型は殻の内側がスタンプされている。

③上の写真をさらに左右反転させると外形標本のできあがりだ。左の雄型標本と比べてみると良い。殻の厚みの分だけわずかに大きくなる。

5 化石採集の装備一覧表

チェック	装備	チェック	採集道具	チェック	その他
☐☐☐☐	ヘルメット	☐☐☐☐	大型ロックハンマー	☐☐☐☐	地形図
☐☐☐☐	帽子	☐☐☐☐	玄翁	☐☐☐☐	地質図
☐☐☐☐	防虫ネット	☐☐☐☐	チゼルハンマー	☐☐☐☐	クリノメーター
☐☐☐☐	傘	☐☐☐☐	ピックハンマー	☐☐☐☐	測量棒
☐☐☐☐	カッパ	☐☐☐☐	小割り用のハンマー	☐☐☐☐	筆記具
☐☐☐☐	ヤッケ	☐☐☐☐	化石ハンマー	☐☐☐☐	野帳
☐☐☐☐	手袋	☐☐☐☐	ツルハシ	☐☐☐☐	笛
☐☐☐☐	ゴム手袋	☐☐☐☐	バール	☐☐☐☐	目印のテープ
☐☐☐☐	スパイク長靴	☐☐☐☐	クワ	☐☐☐☐	熊よけの鈴
☐☐☐☐	長靴	☐☐☐☐	デッキブラシ	☐☐☐☐	双眼鏡
☐☐☐☐	胴長	☐☐☐☐	タガネ凸大	☐☐☐☐	図鑑
☐☐☐☐	スパイクシューズ	☐☐☐☐	タガネ凸小	☐☐☐☐	カメラ
☐☐☐☐	タオル	☐☐☐☐	タガネ平	☐☐☐☐	予備バッテリー
☐☐☐☐	ハンカチ	☐☐☐☐	接着剤	☐☐☐☐	ビデオカメラ
☐☐☐☐	ティッシュ	☐☐☐☐	ナイロン小袋	☐☐☐☐	予備バッテリー
☐☐☐☐	弁当	☐☐☐☐	フィルムケース	☐☐☐☐	ミニ三脚
☐☐☐☐	水筒	☐☐☐☐	タッパー	☐☐☐☐	高度計
☐☐☐☐	おやつ	☐☐☐☐	綿	☐☐☐☐	時計
☐☐☐☐	お茶	☐☐☐☐	熊手	☐☐☐☐	方位磁石
☐☐☐☐	ジュース	☐☐☐☐	フルイ	☐☐☐☐	懐中電灯
☐☐☐☐	飲み水	☐☐☐☐	ブラシ	☐☐☐☐	ナイフ
☐☐☐☐	水タンク(手洗い用)	☐☐☐☐	ハケ	☐☐☐☐	ノコギリ
☐☐☐☐	絆創膏	☐☐☐☐	てみ	☐☐☐☐	石膏
☐☐☐☐	虫さされ薬	☐☐☐☐	ルーペ	☐☐☐☐	コンテナ
☐☐☐☐	防虫スプレー	☐☐☐☐	バケット	☐☐☐☐	段ボール箱
☐☐☐☐	蚊取り線香	☐☐☐☐	古新聞	☐☐☐☐	
☐☐☐☐	鏡	☐☐☐☐	リュックサック	☐☐☐☐	
☐☐☐☐	防塵めがね	☐☐☐☐	サブザック	☐☐☐☐	
☐☐☐☐	目薬	☐☐☐☐	ウエストバッグ	☐☐☐☐	
☐☐☐☐	着替え	☐☐☐☐		☐☐☐☐	
☐☐☐☐		☐☐☐☐		☐☐☐☐	
☐☐☐☐		☐☐☐☐		☐☐☐☐	
☐☐☐☐		☐☐☐☐		☐☐☐☐	
☐☐☐☐		☐☐☐☐		☐☐☐☐	
☐☐☐☐		☐☐☐☐		☐☐☐☐	
☐☐☐☐		☐☐☐☐		☐☐☐☐	

※コピーして使って下さい。

6 全国の主な化石産地・産出化石

産地	時代	産出化石
北海道		
稚内市東浦	白亜紀	アンモナイト，貝類，ウニ，植物
宗谷郡猿払村上猿払	白亜紀	ウニ，アンモナイト，貝類，魚類，植物
中川郡中川町佐久，安平志内川	白亜紀	アンモナイト，貝類，サメの歯
天塩郡遠別町ウッツ川，ルベシ沢	白亜紀	アンモナイト，オウムガイ，貝類，サメの歯，獣骨
苫前郡羽幌町羽幌川	白亜紀	アンモナイト，オウムガイ，貝類，サメの歯，獣骨
苫前郡苫前町古丹別川	白亜紀	アンモナイト，オウムガイ，貝類，サメの歯，獣骨
留萌郡小平町小平蘂川	白亜紀	アンモナイト，オウムガイ，貝類，サメの歯，獣骨
厚岸郡浜中町奔幌戸	白亜紀	アンモナイト，貝類，腕足類
三笠市幾春別川	白亜紀	アンモナイト，貝類，サメの歯，爬虫類
芦別市幌子芦別川	白亜紀	アンモナイト，貝類，サメの歯
夕張市夕張川	白亜紀	アンモナイト，貝類
浦河郡浦河町井寒台	白亜紀	アンモナイト，貝類，ウニ
枝幸郡枝幸町徳志別	第三紀中新世	哺乳類，貝類
苫前郡初山別村豊岬	第三紀中新世	魚類，ウニ，哺乳類，鰭脚類
苫前郡羽幌町羽幌川，曙	第三紀中新世	貝類，哺乳類
苫前郡苫前町古丹別川	第三紀中新世	貝類
雨竜郡北竜町竜西恵岱別川	第三紀中新世	貝類，ウニ
石狩郡当別町青山中央	第三紀中新世	貝類，ウニ，哺乳類
石狩市厚田区望来海岸	第三紀中新世	貝類，ウニ，哺乳類，植物
奥尻郡奥尻町宮津	第三紀中新世	貝類
樺戸郡月形町知来乙	第三紀中新世	貝類
雨竜郡沼田町幌新太刀別川	第三紀鮮新世	貝類，フジツボ，哺乳類
滝川市空知川	第三紀鮮新世	貝類，フジツボ，哺乳類
樺戸郡新十津川町幌加尾白利加川	第三紀鮮新世	貝類，ウニ
北斗市三好細小股沢川	第四紀更新世	貝類
青森県		
青森市浪岡大釈迦	第三紀鮮新世	貝類，腕足類，ウニ，魚類，カニ
岩手県		
大船渡市日頃市町行人沢	シルル紀	サンゴ，腕足類，三葉虫
大船渡市日頃市町樋口沢	デボン紀	三葉虫，直角石，貝類，サンゴ
一関市東山町鳶が森，粘土山	デボン紀	三葉虫，腕足類，貝類，植物，蘚虫，サンゴ，ウミユリ
大船渡市日頃市町大森，鬼丸，長安寺，樋口沢	石炭紀	サンゴ，腕足類，貝類，オウムガイ，直角石，三葉虫，蘚虫
気仙郡住田町犬頭山	石炭紀	サンゴ
陸前高田市矢作町雪沢	石炭紀	サンゴ，三葉虫
陸前高田市矢作町飯森	ペルム紀	サンゴ，三葉虫，腕足類，貝類，オウムガイ
九戸郡野田村十府ヶ浦	白亜紀	コハク
下閉伊郡田野畑村羅賀，平井賀，ハイペ	白亜紀	アンモナイト，ウニ，貝類，サンゴ，有孔虫，ウミユリ，ベレムナイト
北上市和賀町仙人	第三紀中新世	貝類，魚類，植物

宮城県

気仙沼市上八瀬, 黒沢, 戸屋沢	ペルム紀	三葉虫, 腕足類, サンゴ, 貝類, オウムガイ, 蘚虫, ウニ, フズリナ, ウミユリ
気仙沼市岩井崎	ペルム紀	フズリナ, サンゴ, 腕足類, 蘚虫
登米市東和町米谷	ペルム紀	サンゴ, 貝類, 腕足類, 植物, 三葉虫
気仙沼市本吉町大沢海岸	三畳紀	アンモナイト, 植物
本吉郡南三陸町歌津館浜, 韮の浜	三畳紀	アンモナイト, 貝類, 腕足類, ウミユリ, 爬虫類
宮城郡利府町赤沼	三畳紀	貝類, アンモナイト, オウムガイ, 直角石, ウニ, 植物
気仙沼市夜這道峠	ジュラ紀	アンモナイト, 貝類, ベレムナイト, 植物
本吉郡南三陸町歌津韮の浜	ジュラ紀	アンモナイト, ベレムナイト, 貝類
石巻市北上町追波	ジュラ紀	アンモナイト, 貝類, ベレムナイト, 植物
亘理郡亘理町逢隈神宮寺字山入	第三紀中新世	貝類, サメの歯
加美郡加美町寒風沢	第三紀中新世	貝類

秋田県

男鹿市琴川安田海岸	第四紀更新世	貝類, ウニ, 腕足類

福島県

いわき市高倉山	ペルム紀	三葉虫, フズリナ, サンゴ, 腕足類, 植物, 貝類
いわき市足沢, 入間沢	白亜紀	アンモナイト, 貝類, サメの歯, 爬虫類
双葉郡浪江町小野山, 井手·高倉	第三紀中新世	貝類
双葉郡富岡町小良ヶ浜	第三紀鮮新世	貝類, サメの歯, 獣骨

茨城県

北茨城市平潟町長浜, 大津町五浦	第三紀鮮新世	貝類, ウニ, サメの歯, カニ
稲敷郡阿見町島津	第四紀更新世	貝類, ウニ, フジツボ

栃木県

佐野市山菅町	ペルム紀	フズリナ, 腕足類, ウミユリ
那須塩原市上塩原	第四紀更新世	植物, 昆虫, 魚類, 両生類

群馬県

桐生市蛇留淵	ペルム紀	三葉虫
多野郡上野村塩の沢	三畳紀	貝類
多野郡神流町瀬林, 間物沢	白亜紀	アンモナイト, 貝類, ウニ, 植物
甘楽郡南牧村兜岩	第四紀更新世	植物, 昆虫, 両生類

埼玉県

秩父郡小鹿野町ヨウバケ	第三紀中新世	貝類, サメの歯, ウニ, カニ, 魚類, 哺乳類
東松山市葛袋	第三紀中新世	貝類, サンゴ, サメの歯, 石灰藻, 植物

千葉県

銚子市外川町, 犬吠崎	白亜紀	アンモナイト, 貝類, 植物
安房郡鋸南町元名	第三紀鮮新世	貝類, サンゴ, サメの歯, ウニ
富津市不動岩	第三紀鮮新世	貝類, サンゴ, サメの歯, ウニ
銚子市長崎町長崎鼻	第三紀鮮新世	貝類, 腕足類, サンゴ, サメの歯, 哺乳類, 魚類
成田市前林	第四紀更新世	貝類, 腕足類, 哺乳類
市原市瀬又	第四紀更新世	貝類, サンゴ, ウニ, 哺乳類
君津市市宿, 追込	第四紀更新世	サメの歯, 鰭脚類, 貝類, サンゴ, ヒトデ, ゾウ

付録 6 全国の主な化石産地・産出化石

付録 6 全国の主な化石産地・産出化石

産地	時代	産出化石
木更津市真里谷	第四紀更新世	貝類, サンゴ, 腕足類, ウニ, カニ, サメの歯
印西市吉高, 萩原, 山田	第四紀更新世	貝類, サンゴ, 腕足類, ウニ, カニ, フジツボ
館山市沼	第四紀更新世	貝類, サンゴ, サメの歯

神奈川県

産地	時代	産出化石
愛甲郡愛川町小沢	第三紀鮮新世	貝類
厚木市棚沢	第三紀鮮新世	貝類
横浜市金沢区柴町	第四紀更新世	貝類, 腕足類, ウニ

新潟県

産地	時代	産出化石
糸魚川市青海町青海川	石炭紀	腕足類, 三葉虫, サンゴ, ウミユリ, ゴニアタイト, オウムガイ, 蘚虫, 貝類
糸魚川市明星山	石炭紀・ペルム紀	フズリナ, サンゴ, 腕足類, 蘚虫
糸魚川市青海町上路しな谷	ジュラ紀	植物
村上市釜杭	第三紀中新世	貝類, 植物
村上市雷	第三紀中新世	植物
阿賀野市村杉魚岩	第三紀中新世	魚類

富山県

産地	時代	産出化石
下新川郡朝日町大平川・寝入谷, 寺谷	ジュラ紀	アンモナイト, 腕足類, 貝類
富山市八尾町柚木, 深谷	第三紀中新世	サメの歯, 貝類, 腕足類, 魚類
富山市土	第三紀中新世	貝類
高岡市頭川, 笹八口, 石堤, 岩坪, 五十辺, 桜峠	第三紀鮮新世	貝類, 腕足類, サメの歯
小矢部市田川	第四紀更新世	貝類, ウニ

石川県

産地	時代	産出化石
白山市桑島	白亜紀	植物, 昆虫
珠洲市折戸町木ノ浦, 狼煙町	第三紀中新世	植物, 魚類, 昆虫
輪島市町野町徳成, 東印内町	第三紀中新世	貝類, サンゴ, 有孔虫
羽咋郡志賀町関野鼻	第三紀中新世	サメの歯, 貝類, 腕足類
七尾市白馬町	第三紀中新世	貝類, 腕足類, サメの歯, ウニ
金沢市大桑町犀川	第四紀更新世	貝類, ウニ, 魚類, 哺乳類
珠洲市正院町平床	第四紀更新世	貝類, ウニ

長野県

産地	時代	産出化石
北安曇郡小谷村来馬, 土沢	ジュラ紀	植物, 貝類
南佐久郡佐久穂町石堂	白亜紀	貝類, アンモナイト, ウニ
安曇野市豊科田沢	第三紀中新世	貝類, カニ, 哺乳類
長野市戸隠祖山, 坪山, 下楡木, 積沢	第三紀鮮新世	貝類, ウニ, 腕足類, 蘚虫
長野市信州新町長者山, 中尾	第三紀鮮新世	貝類, ウニ
佐久市臼田兜岩	第四紀更新世	植物, 昆虫, 両生類

岐阜県

産地	時代	産出化石
高山市奥飛騨温泉郷福地	オルドビス紀～ペルム紀	床板サンゴ, 三葉虫, フズリナ, 腕足類, ウミユリ, 海綿, 石灰藻, 貝類
高山市奥飛騨温泉郷一重ケ根	シルル紀	サンゴ, 貝類
本巣市根尾初鹿谷, 胡桃橋下流右岸	ペルム紀	サンゴ, 貝類, オウムガイ, 三葉虫, フズリナ
郡上市八幡町安久田	ペルム紀	腕足類, 三葉虫

大垣市赤坂町金生山	ペルム紀	フズリナ, ウミユリ, 貝類, オウムガイ, 三葉虫, 石灰藻, ウニ, 腕足類, サンゴ, 海綿, サメの歯, 植物
高山市荘川町御手洗, 松山谷	ジュラ紀	貝類, 植物, 魚類, 爬虫類
高山市荘川町尾上郷大黒谷	白亜紀	植物, 貝類
瑞浪市明世町山野内, 戸狩	第三紀中新世	哺乳類, サメの歯, 貝類
瑞浪市土岐町奥名, 市原, 桜堂, 名滝	第三紀中新世	サメの歯, 貝類
瑞浪市釜戸町荻の島	第三紀中新世	サメの歯, 魚, 貝類, 植物, カニ
土岐市隠居山, 泉町定林寺, 清水	第三紀中新世	哺乳類, サメの歯, 貝類, 腕足類, ウニ
可児市土田	第三紀中新世	哺乳類, 貝類

福井県

大野市上伊勢	デボン紀	三葉虫, 直角石, サンゴ, 腕足類, ウミユリ
大飯郡高浜町難波江, 西三松	三畳紀	貝類, アンモナイト, オウムガイ, 腕足類, ウミユリ
大野市下山, 長野, 貝皿	ジュラ紀	アンモナイト, ベレムナイト, 貝類, 植物
福井市小和清水町	ジュラ紀	植物, 爬虫類
勝山市北谷町中野俣杉山川	白亜紀	爬虫類
福井市鮎川町	第三紀中新世	貝類, カニ, 植物
大飯郡高浜町名島, 山中, 鎌倉	第三紀中新世	貝類, オウムガイ, サメの歯, 哺乳類, カニ

静岡県

掛川市下垂木	第三紀鮮新世	サメの歯, 貝類
袋井市宇刈大日	第三紀鮮新世	サメの歯, 貝類

愛知県

犬山市善師野	第三紀中新世	植物, 珪化木
北設楽郡東栄町柴石峠	第三紀中新世	植物
北設楽郡設楽町小松	第三紀中新世	貝類, 腕足類, カニ, 魚類, ウニ
知多郡南知多町小佐, 豊浜, 日間賀島	第三紀中新世	魚, 貝類, カニ, ウニ
西尾市一色町佐久島	第三紀中新世	貝類, カニ, ウニ, ヒトデ
田原市六連町久美原, 高松町	第四紀更新世	貝類, ウニ, フジツボ, サンゴ, カニ
豊橋市伊古部町	第四紀更新世	植物, 貝類, 魚類
知多市古見	第四紀完新世	カニ, サメの歯, 貝類, サンゴ

滋賀県

米原市伊吹伊吹山	ペルム紀	フズリナ, 貝類, ウミユリ, サンゴ, ウニ
米原市醒井	ペルム紀	フズリナ, 貝類, ウミユリ
犬上郡多賀町芹川上流	ペルム紀	フズリナ, ウミユリ, 腕足類, サンゴ, ウニ, 三葉虫, 蘚虫, 貝類, 介形類
甲賀市土山町鮎河, 黒滝, 上の平	第三紀中新世	貝類, オウムガイ, サメの歯, 腕足類, カニ, シャコ
蒲生郡日野町蓮花寺, 中之郷, 別所	第三紀鮮新世	植物, 貝類, 哺乳類
湖南市夏見野洲川河床	第三紀鮮新世	植物, 貝類
甲賀市水口町野洲川河床	第三紀鮮新世	植物, 貝類
甲賀市甲賀町小佐治, 隠岐, 猪野	第三紀鮮新世	貝類, 魚類, 爬虫類, 哺乳類, 植物
犬上郡多賀町芹川中流	第四紀更新世	哺乳類
大津市堅田, 真野, 仰木, 雄琴	第四紀更新世	貝類, 植物, 哺乳類

三重県

志摩市磯部町恵利原	ジュラ紀	サンゴ, 層孔虫, ウニ
鳥羽市白根崎	白亜紀	貝類, 爬虫類

付録 6 全国の主な化石産地・産出化石

付録 6 全国の主な化石産地・産出化石

産地	地質時代	産出化石
津市美里町柳谷, 穴倉, 長野	第三紀中新世	サメの歯, 貝類, 獣骨, サンゴ, カニ, ウニ, 魚類, ヒトデ
尾鷲市行野浦	第三紀中新世	貝類, サメの歯, ヒトデ, 有孔虫, 魚鱗
伊賀市畑村服部川	第三紀鮮新世	魚類, 貝類, 哺乳類, 爬虫類, 両棲類, 植物

京都府

産地	地質時代	産出化石
福知山市夜久野町わるいし谷	三畳紀	アンモナイト, ウミユリ, 貝類, 腕足類, クモヒトデ
宮津市木子	第三紀中新世	魚類, 植物
与謝郡伊根町足谷, 滝根	第三紀中新世	魚類, 植物
綴喜郡宇治田原町奥山田	第三紀中新世	サメの歯, 貝類, カニ

大阪府

産地	地質時代	産出化石
泉佐野市滝の池	白亜紀	アンモナイト, 貝類, サメの歯
貝塚市蕎原	白亜紀	アンモナイト, 貝類
阪南市箱作	白亜紀	アンモナイト, 貝類

兵庫県

産地	地質時代	産出化石
南あわじ市阿那賀, 仲野, 湊, 地野	白亜紀	貝類, 植物, アンモナイト, ウニ, ヒトデ, エビ, 爬虫類
洲本市由良町内田	白亜紀	貝類, 植物, 腕足類, ウニ, カニ
神戸市須磨区白川台	第三紀中新世	植物
美方郡新温泉町海上	第三紀中新世	植物, 昆虫
淡路市岩屋	第三紀中新世	貝類

和歌山県

産地	地質時代	産出化石
日高郡由良町門前	ジュラ紀	サンゴ, 層孔虫, ウニ, 石灰藻
有田郡湯浅町栖原	白亜紀	アンモナイト, 貝類, ウニ, ヒトデ
有田郡有田川町金屋鳥屋城山	白亜紀	アンモナイト, 貝類, ウニ
有田郡有田川町吉見, 清水	白亜紀	アンモナイト, 貝類, ウニ
東牟婁郡串本町田並	第三紀中新世	貝類, サンゴ, 蘚虫

鳥取県

産地	地質時代	産出化石
八頭郡若桜町春米	第三紀中新世	貝類
鳥取市佐治町栃原辰巳峠	第三紀中新世	植物, 昆虫

岡山県

産地	地質時代	産出化石
井原市芳井町上鳴日南	石炭紀	サンゴ, ウミユリ, フズリナ, 三葉虫, 腕足類
新見市石蟹, 長屋, 井倉, 豊永佐伏	ペルム紀	フズリナ, サンゴ, ウミユリ
津山市皿川	第三紀中新世	貝類, 植物, アナジャコ
勝田郡奈義町中島東, 柿, 福元	第三紀中新世	貝類, カニ, 植物
新見市大佐町治部戸谷	第三紀中新世	貝類
井原市野上町浪形	第三紀中新世	貝類, 腕足類, サメの歯, 魚類

島根県

産地	地質時代	産出化石
松江市玉湯町布志名	第三紀中新世	貝類, 腕足類, ウニ, サメの歯, カニ, 哺乳類

山口県

産地	地質時代	産出化石
美祢市秋芳町秋吉台	石炭紀・ペルム紀	腕足類, フズリナ, サンゴ, 三葉虫, 海綿, 蘚虫, ウミユリ, 貝類, 石灰藻
下関市菊川町西中山	ジュラ紀	アンモナイト, 貝類, 植物
下関市彦島	第三紀漸新世	貝類, 鳥類, 植物

長門市黄波戸海岸	第三紀中新世	貝類，サメの歯
下関市豊北町神田海岸	第三紀中新世	貝類，サメの歯，植物

徳島県

勝浦郡上勝町藤川	白亜紀	貝類，植物
勝浦郡勝浦町中小屋	白亜紀	貝類，植物

香川県

さぬき市多和兼割	白亜紀	アンモナイト，貝類，ウニ，サメの歯，植物

愛媛県

西予市城川町嘉喜尾	シルル紀	三葉虫，サンゴ，ウミユリ
上浮穴郡久万高原町西谷中久保	ペルム紀	フズリナ，貝類，三葉虫，サンゴ，腕足類，ウミユリ
西予市城川町田穂	三畳紀	アンモナイト，貝類
上浮穴郡久万高原町二名	第三紀始新世	植物，サンゴ，貝類，サメの歯

高知県

高岡郡越知町横倉山	シルル紀	サンゴ，三葉虫，腕足類，ウミユリ，蘚虫
高岡郡佐川町鳥の巣	ジュラ紀	サンゴ，層孔虫，腕足類，蘚虫，ウニ，貝類
安芸郡安田町唐浜	第三紀鮮新世	貝類，サンゴ，サメの歯，ウニ，カニ植物
室戸市羽根町登	第三紀鮮新世	貝類，サンゴ

大分県

玖珠郡九重町野上奥双石	第四紀更新世	植物，魚類，昆虫

長崎県

長崎市伊王島町伊王島，沖ノ島	第三紀漸新世	植物，貝類
壱岐市芦辺町八幡浦長者原	第三紀中新世	魚類，植物，昆虫

宮崎県

西臼杵郡五ヶ瀬町鞍岡祇園山	シルル紀	サンゴ，三葉虫，腕足類，層孔虫，蘚虫
児湯郡川南町通浜	第三紀鮮新世	貝類，サンゴ，獣骨

熊本県

上天草市姫戸町姫浦	白亜紀	アンモナイト，貝類，サンゴ，サメの歯
上天草市龍ケ岳町高戸椚島	白亜紀	アンモナイト，貝類，植物，サンゴ，サメの歯
天草市御所浦町	白亜紀	アンモナイト，恐竜

鹿児島県

出水郡長島町獅子島，長島	白亜紀	貝類，腕足類，ウニ，アンモナイト
熊毛郡中種子町犬城	第三紀中新世	貝類，腕足類，植物

7 化石訓

■化石を生かすも殺すもクリーニング次第

二級品の化石もクリーニング次第で一級品の標本になる。捨てるような化石も，切断したり磨いたりすればひと味違う標本になる。いろいろと工夫しよう。

■まずは水洗いから

汚れていては見えるものも見えない。汚い化石は見苦しい。
採集したらまずは水洗い。クリーニングしたら水洗い。

■同じ場所に何度も通え

季節によって産地の様子も変わる。朝と夕方でも見え方が違う。何度も通えば必ず成果がある。

■崖は上から見るのと下から見るのとでは見え方が違う

崖は上からと下からとでは見え方が違う。なるべく両方から見よう。

■化石は採れるときに採っておけ

化石はいずれは採れなくなるものだ。採れるときに採っておかないと必ず後悔する。

■化石はたくさん採れ

化石は量を採ることも大切。なぜなら，一つひとつを比べてみれば，少し違うものが混じっている。
子どもの化石から大人の化石まで，たくさん採って並べてみよう。個体変化，成長に伴う変化が見えてくる。

■想像力を働かせよ

化石の一部を見て，それが何のどこの部分かを瞬時に思い浮かべよう。
そのためには，日頃からたくさんの標本や図鑑の類などに目を通しておこう。

■化石産地では隅々まで見よ

化石産地ではどこに何が出るかわからない。特に広い産地では地質も変わってくる。隅から隅までなめるように探してみよう。きっと何かが見つかるはずだ。

8 化石の分類別索引

見たい化石をより探しやすいように，化石名を検索しやすいように分類別にまとめました．見たい化石を探しやすく，また関連する化石名をまとめていますので，他の標本も見つけられます．
ただし，＊＊の仲間，＊＊の一種とあるものは＊＊のみにしました．ページの後ろに産地(道府県名)を入れました．

【蘚虫動物(コケムシ)】

コケムシ……………………………… 103(新潟)
フェネステラ………………………… 103(新潟)

【腕足動物】

エチゴチョウチンガイ……………… 152(石川)
エンテレテス………………………… 117(新潟)
カクホウズキチョウチン……………91(神奈川)
カメホウズキチョウチン……………… 87(秋田)
グウルドチョウチンガイ…… 91(神奈川), 152(石川)
クロスチョウチン……………………91(神奈川)
シャミセンガイ……………………… 169(石川)
スピリファー…… 76, 77(宮城), 118(新潟), 123(岐阜), 174(滋賀)
スピリフェリナ………………… 77, 80(宮城)
タテスジホウズキガイ……… 66(北海道), 152(石川), 164(富山)
テレブラチュラ類… 9(北海道), 117(新潟), 132(岐阜)
プロダクタス………………… 76(宮城), 137(岐阜)
ホウズキガイ………………………… 152(石川)
ホウズキチョウチン………… 92(千葉), 164(富山)
リンコネラ…………………………… 118(新潟)
腕足類……… 53(北海道), 73, 74(岩手), 102(福井), 117, 118(新潟), 132(岐阜), 176(滋賀)

【腔腸動物(サンゴ類)】

カルケオラ・サンダリナの蓋………… 68(岩手)
クサリサンゴ………………………… 219(高知)
四射サンゴ類……… 70(岩手), 99(岐阜), 100(福井), 103(新潟), 125, 134(岐阜)
シリンゴポーラ……………………… 134(岐阜)
センスガイ………………… 202(福井), 230(宮崎)
ハチノスサンゴ……………………… 219(高知)
ファボシテス………………………… 100(福井)
フルイサンゴ………………………… 230(宮崎)
ヘリオリテス………………………… 100(福井)
ミケリニア………………… 78(宮城), 125(岐阜)
六射サンゴ…… 10, 43(北海道), 183(和歌山), 226(熊本)

【海綿動物】

海綿類………………………………… 134(岐阜)
シスタウリーテス…………………… 123(岐阜)

【頭足類(直角石・オウムガイ・ベレムナイト)】

アッツリア……… 190, 192, 193, 202(福井), 209(滋賀)
オウムガイ… 20, 47(北海道), 75, 79(宮城), 106(新潟), 178(福井)
キマトセラス……………………………20(北海道)
ストロボセラス………………… 105, 106(新潟)
セーロガステロセラス・ギガンティウム… 135(岐阜)
セーロガステロセラス……………… 129(岐阜)
タコブネ………………… 89(千葉), 141(長野)
直角石……… 68, 71, 75(岩手), 79(宮城), 99(岐阜), 101(福井), 106, 107(新潟), 124(岐阜)
ドマトセラス………………………… 128(岐阜)
ファコセラス………………… 127, 128(岐阜)
ベレムナイト………………………… 138(福井)
ユートレフォセラス……………………47(北海道)

【頭足類(アンモナイト・鞘形類)】

アイノセラス……………………… 187(和歌山)
アガシセラス………………………… 108(新潟)
アナゴードリセラス……………………20(北海道)
アナパキディスカス……………… 25, 33(北海道)
アプチクス…………………………… 227(熊本)
エゾイテス……………………… 50, 57(北海道)
エゾセラス………………………………51(北海道)
ギャランチアナ…………………………81(宮城)
ゴードリセラス……… 8, 20, 48(北海道), 187(和歌山), 227(熊本)
ゴードリセラス・インターメディウム……11(北海道)
ゴニアタイト………………… 110(新潟), 135(岐阜)
コリグノニセラス………………… 35, 48, 56(北海道)
サハリナイテス……………………………17(北海道)
サブプチコセラス………………………26(北海道)
シャスティークリオセラス………… 186(和歌山)
シュードオキシベレセラス………… 227(熊本)
シュードニューケニセラス………… 138(福井)
シュードパラレゴセラス…………… 109(新潟)
シンガストリオセラス……………… 110(新潟)
スカフィテス……………………… 50, 55(北海道)
スカラリテス……………………… 37, 50(北海道)
スカラリテス・ミホエンシス…… 14, 51(北海道)
ゼランディテス…………………… 13, 24(北海道)
ゾレノセラス……………… 185(大阪), 188(兵庫)
ダメシテス……………… 6, 14, 17, 26(北海道), 227(熊本)

付録 8 化石の分類別索引

名称	ページ(産地)
ツリリトイデス	220(徳島)
ディアボロセラス	107, 108(新潟)
テキサナイテス	21, 36(北海道), 186(和歌山)
テシオイテス	13(北海道)
トンゴボリセラス	48(北海道)
ナエフィア	28(北海道)
ニッポニテス・オキシデンタリス	37(北海道)
ネオクリオセラス	27(北海道)
ネオフィロセラス	8, 16, 21(北海道)
ネオプゾシア	16(北海道)
ノストセラス	185(大阪)
ハイファントセラス	39(北海道)
ハウエリセラス	12, 23(北海道)
ハボロセラス	36(北海道)
パラクリオセラス	186(和歌山), 220(徳島)
パラトラキセラス	178, 179(福井)
フィロセラス	81(宮城)
フィロパキセラス	13, 22(北海道)
プゾシア	13, 22(北海道)
プチキテス	79(宮城)
プラビトセラス	188(兵庫)
ヘテロセラス	186(和歌山)
ヘテロプチコセラス	27(北海道), 185(和歌山)
ペレコディテス・スパティアンズ	81(宮城)
ポリプチコセラス	7, 26(北海道), 185(和歌山), 226(熊本)
マダガスカリテス	38, 49, 56(北海道)
マリエラ	220(徳島)
ムラモトセラス	55(北海道)
メタプラセンチセラス	18, 19(北海道)
メナイテス	16, 17, 24, 35(北海道)
ユーパキディスカス	5, 25, 33(北海道), 226(熊本)
ユウバリセラス	48(北海道)
ユーボストリコセラス	27, 38, 39, 49, 56(北海道)
リーサダイテス	48(北海道)
ローマニセラス	37(北海道)

【腹足類(巻貝)】

名称	ページ(産地)
アカニシ	93(千葉), 231(宮崎)
アクキガイ	154(静岡)
アポロン	196(福井), 223(高知)
イグチ	211(滋賀)
イセヨウラク	231(宮崎)
イトカケガイ	151(石川), 157(富山), 166(石川)
イボキサゴ	154(静岡)
ウミニナ	210(滋賀)
ウラシマガイ	223(高知)
エゾタマガイ	84(秋田), 93(千葉)
エゾバイ	61, 66(北海道)
エゾフネ	82(福島), 205(三重), 211(滋賀)
エゾボラモドキ	61, 65(北海道)
エビスガイ	232(宮崎)
オオタマツバキ	169(石川)
オオヨウラク	82(福島)
オキナエビス	101(福井), 113, 114, 115(新潟), 131(岐阜)
オザワサザエ	194(福井)
カクベレ	137(岐阜)
カズラガイ	84(秋田), 93(千葉)
カタツムリ	198(福井)
カプルス・トランスフォルミス	14(北海道)
キサゴ	85(秋田)
キヌガサガイ	165(石川)
キバウミニナ	196(福井), 223(高知)
キリガイダマシ	163(富山)
ギンエビス	58(北海道)
クマサカガイ	232(宮崎)
クルマガイ	154(静岡)
コウダカスカシガイ	66(北海道)
サザエの蓋	194(福井)
サブスウチキサゴ	90(神奈川)
シキシマヨウラク	85(秋田)
ストラパロルス	71(岩手)
セミトウビナ	219(高知)
ダイニチバイ	155(静岡)
タケノコシャジク	86(秋田)
タマガイ	163(富山)
ツリテラ	65(北海道), 209(滋賀)
ティビア・ジャポニカ	40(北海道)
テングニシ	93(千葉), 195(福井), 231(宮崎)
トウイト	86(秋田)
トカシオリイレボラ	154(静岡)
トクナガイモガイ	194(福井)
ナガタニシ	216(滋賀)
ナガニシ	92(千葉)
ナカムラタマガイ	195(福井)
ナチコプシス	135(岐阜)
ニシキアマオブネ	197(福井)
ニシキウズ	197(福井)
バイ	93(千葉)
ハシナガイグチ	231(宮崎)
バトロトマリア	135(岐阜)
ビカリア	147(富山), 210(滋賀), 221(岡山)
ビカリエラ	196(福井), 210(滋賀)
ヒタチオビガイ	85(秋田), 91(神奈川), 92(千葉), 165(石川), 194, 202(福井)
ヒダリマキイグチ	163(富山)
ヒメエゾボラ	84(秋田)
ヒレガイ	165(石川)
フデガイ	197(福井)

プレウロトマリア	80(宮城)
ベレロフォン	111(新潟), 130, 135(岐阜)
ホネガイ	197(福井)
マーチソニア	131, 135(岐阜), 176(滋賀)
巻貝	8, 19, 28, 29(北海道), 111, 112(新潟), 196(福井), 222(岡山)
巻貝の蓋	137(岐阜)
ミガキボラ	93(千葉)
ミクリガイ	90(神奈川)
ミミズガイ	169(石川)
ムールロニア	113, 114, 115(新潟)
ムカシウラシマガイ	202(福井)
モミジソデガイ	28, 40(北海道)
モミジボラ	90(神奈川)
ヤエバイトカケ	61(北海道)
ヤツシロガイ	93(千葉)
ヨウラクヒレガイ	85(秋田)
ラハ・ヤベイ	135(岐阜)

【斧足類(二枚貝)】

アカガイ	86(秋田)
アケガイ	96(千葉)
アサリ	94(千葉), 211(滋賀)
アシラ	41(北海道)
アズマニシキ	92(千葉)
アピオトリゴニア	228(熊本)
アビキュロペクテン	116(新潟)
アラスジソデガイ	96(千葉)
アルーラ・エレガンティシマ	136(岐阜)
アンヌリコンカ	75(宮城)
イガイ	76(宮城), 198(福井)
イセシラガイ	169(石川)
イソシジミ	92(千葉)
イタボガキ	94(千葉)
イタヤガイ	93(千葉), 163(富山)
イノセラムス	139(福井), 228(熊本)
イワニシキ	150(石川)
ウグイスガイ	176(滋賀)
ウバガイ	95(千葉)
ウラカガミガイ	95(千葉)
エゾキンチャク	87(秋田), 157, 163(富山)
エゾタマキガイ	164(富山), 211(滋賀), 234(宮崎)
エゾヌノメガイ	95(千葉)
エゾヒバリガイ	159(富山), 198(福井)
エゾワスレガイ	66(北海道)
オウナガイ	61(北海道), 159(富山)
オオトリガイ	94(千葉)
オオノガイ	94(千葉), 159(富山)
オオハネガイ	91(神奈川), 144(石川)
オオマテガイ	96(千葉)

オキシトーマ・モジソヴィッチー	179(福井)
オシドリネリガイ	164(富山), 166(石川)
カガミガイ	95(千葉)
カガミホタテ	148(石川)
カケハタアカガイ	147(富山)
カラスガイ	217(滋賀)
キヌタアゲマキ	155(静岡), 169(石川), 224(高知), 234(宮崎)
キヌタレガイ	40(北海道)
キララガイ	9(北海道)
キンギョガイ	164(富山)
クラミス	180(福井)
グリキメリス	229(熊本)
ゴイサギガイ	94(千葉)
コシバニシキ	158, 163(富山)
コベルトフネガイ	212(滋賀)
コロモガイ	166(石川)
サギガイ	94(千葉)
ササノハガイ	217(滋賀)
サラガイ	92, 94(千葉), 166(石川)
シクリナ	222(岡山)
シジミ	216, 217(滋賀)
シゾダス	75(宮城)
シャクシガイ	144(石川)
スダレガイ	96(千葉)
ソデガイ	91(神奈川)
タカハシホタテ	60(北海道)
チョウセンハマグリ	212(滋賀)
ツキガイモドキ	159(富山)
ツツガキ	224(高知)
ツヤガラス	233(宮崎)
テトリマイヤ	140(岐阜)
トサペクテン	180(福井)
ドシニア	64(北海道), 204(京都)
トラキア	140(岐阜)
トリガイ	64(北海道), 96(千葉)
ナトリホソスジホタテ	151(石川)
ナナオニシキ	150(石川)
ナノナビス	41(北海道), 228(熊本)
ナミマガシワモドキ	160(富山)
ニシキガイ	83(青森), 151(石川), 158, 159(富山), 199(福井)
ハイガイ	95(千葉)
パチノペクテン・エグレギウス	212(滋賀)
ハナガイ	155(静岡)
ハマグリ	95(千葉)
パラエオファルス	179(福井)
パラレロドン	136(岐阜)
ハロビア	181(福井)
ヒオウギ	223(高知), 234(宮崎)

付録 8 化石の分類別索引

項目	頁(地名)
ビノスガイ	87(秋田), 92, 95(千葉)
ビノスガイモドキ	235(宮崎)
ヒバリガイ	65, 66(北海道), 92(千葉)
ビョウブガイ	169(石川)
ヒルギシジミ	222(岡山)
フスマガイ	90(神奈川), 95(千葉)
プテロトリゴニア	187(和歌山)
フナクイムシ	198(福井)
フミガイ	86(秋田), 164(富山)
ブラウン・イシカゲガイ	95(千葉)
ワタゾコツキヒ	7, 29(北海道), 228(熊本)
ペクテン	116(新潟)
ベンケイガイ	234(宮崎)
ホクリクホタテ	163(富山)
ホタテ	199(福井)
マガキ	92(千葉)
マテガイ	96(千葉)
ミノイソシジミ	212(滋賀)
ミノガイ	91(神奈川)
ムカシチサラガイ	144(石川)
モディオルス	140(岐阜)
モニワカガミホタテ	148(石川)
モミジツキヒ	233(宮崎)
ヤグラモシオ	155(静岡)
ヤチヨノハナガイ	96(千葉)
ヤベホタテ	157(富山)
ヤマトタマキガイ	90(神奈川)
ヨコヤマホタテ	163(富山)
ルシノマ	40(北海道)
ワーゲノペルナ	137(岐阜)
ワスレガイ	94(千葉)

【掘足類(ツノガイ)】

項目	頁(地名)
ツノガイ	19, 53(北海道), 90(神奈川), 229(熊本)
デンタリウム	131, 136(岐阜), 176(滋賀)

【三葉虫類】

項目	頁(地名)
アカントピゲ	70(岩手)
エンクリヌルス	68(岩手), 99(岐阜)
カミンゲラ	119, 120(新潟)
クロタロセファリナ	102(福井)
コノフィリップシア・コイズミイ	74(岩手)
三葉虫	102(福井), 123(岐阜), 175(滋賀)
シュードフィリップシア	77(岩手)
スクテラム	102(福井)
ファコプス	69(岩手)
フィリップシア・オオモリエンシス	74(岩手)
ブラキメトプス	119(新潟)
リンガフィリップシア	74(岩手)

【甲殻類(カニ・エビ・シャコ・フジツボ)】

項目	頁(地名)
アナジャコ	214(滋賀), 222(岡山)
イワフジツボ	60(北海道)
エンコウガニ	141(長野)
オニフジツボ	91(神奈川), 160(富山)
カニ	32, 42(北海道), 147(富山), 189(兵庫), 201(福井), 213(滋賀), 235(宮崎)
鬼面ガニ	213(滋賀)
甲殻類	97(千葉)
シャコ	214(滋賀)
ノトポコリステス	32, 42, 53(北海道)
ミネフジツボ	200(福井)
リヌパルス	31, 57(北海道)

【昆虫類】

項目	頁(地名)
昆虫	45(北海道), 236(大分)
羽アリ	236(大分)

【棘皮動物(ウミユリ・ウニ・ヒトデ類)】

項目	頁(地名)
ウニ	7, 61(北海道), 132(岐阜), 160(富山), 203(福井), 229(熊本)
ウミユリ	32, 53(北海道), 121, 122(新潟)
キダリス	9, 10(北海道), 80(宮城), 182(三重), 184(和歌山)
クモヒトデ	97(千葉), 181(福井)
クリノイド	136(岐阜)
ハスノハカシパンウニ	164(富山)
ヒトデ	181(福井), 189(兵庫)
ヒラタブンブク	235(宮崎)
ブンブクウニ	160, 161(富山), 166(石川), 203(福井)
ヘミクラスター	187(和歌山)
ムカシスカシカシパン	199(福井)

【軟骨魚類(サメ・エイ)】

項目	頁(地名)
アカエイの歯	208(三重)
イスルス	153(石川), 215(滋賀)
イタチザメ	171(愛知)
エイの尾棘	172(愛知)
カグラザメ	30(北海道)
カルカリヌス	153(石川)
カルカロクレス・メガロドン	89(千葉), 153(石川), 208(三重)
カルカロドン・カルカリアス	171(愛知)
ガレオセルドウ	153(石川)
クレトラムナ	30, 44(北海道), 229(熊本)
サメ	15, 30(北海道)
シュモクザメ	162(富山)
シロワニ	172(愛知), 200(福井)
トビエイ	156(静岡), 172(愛知), 215(滋賀)
ネコザメ	156(静岡)

ノコギリザメの吻棘	89(千葉)
ノチダノドン	44(北海道)
ヒボダス	44(北海道)
ホオジロザメ	162(富山), 167(石川)
メジロザメ	82(福島), 156(静岡), 171(愛知), 200, 203(福井), 204(京都), 215(滋賀)

【硬骨魚類】

魚鱗	10, 53(北海道), 200(福井)
魚類の脊椎	10(北海道)
魚類の歯	57(北海道), 133(岐阜)
コイの咽頭歯	216(三重)
硬骨魚類の脊椎	207(三重)
魚	141(長野)
サッパ	204(京都)

【爬虫類】

亀類の骨	216(三重)
モササウルスの歯	189(兵庫)

【哺乳類】

イルカ	206(三重)
鰭脚類	83(福島), 168(石川), 207(三重)
鯨類	59, 62(北海道), 161(富山)
獣骨	141(長野), 205, 207(三重), 235(宮崎)
ニホンムカシジカ(カズサジカ)	170(愛知)
ビーバー	142(岐阜)

【被子植物】

アーサー	143(石川)
堅果	46(北海道)
広葉樹の葉	15(北海道)
コンプトニフィルム	143(石川)
植物の種子(不明種)	32(北海道)
豆のさや	201(福井)

【裸子植物】

アラウカリア	7, 19, 46, 54(北海道)
イチョウ	46(北海道), 139(福井)
毬果	10(北海道), 46(北海道)
コハク	54(北海道)
バイエラ	139(福井)
松ぼっくり	143(石川), 188(兵庫), 201, 203(福井), 215(滋賀)
メタセコイアの毬果	204(京都)

【シダ植物】

クラドフレビス	54(北海道)
シダ類	139(福井)
地下茎	54(北海道)
トクサ	80(宮城)

【その他】

コニュラリア	105(新潟)
コノカルディウム	105(新潟)
藻類	133(岐阜)
ミッチア	133(岐阜)

あとがき

ようこそ、「本でみる化石博物館・別館」へ。

化石採集をはじめて今年でちょうど50年になります。ちょうど半世紀、よくぞ続いたものだというのが正直な感想です。

そんな中、急遽決まった『750選』出版の話。とてもきりのいいタイミングでした。

じつは、化石仲間である友人が、「大八木さん、700選の出版を切望しています」と、言ってきたのです。それは一度のことではなく、ことある度に言ってきたのです。僕自身はまだまだだと思っていたのですが、とりあえず『650選』刊行から現在まで集まった数を数えてみたところ、約650点になっていました。そして、化石仲間の応援を得れば何とかきりのいい700点が集まるのではないかと思ったのです。この計画自体は2003年に『650選』を出版した直後から始まっていたのですが、なかなか数が伸びませんでした。『800選』、『650選』ときたからそれ以上の標本となると難しいのは当然です。それでも何とかめどが立ち、計画を実行するときがやってきました。

そうなると行動の早い僕です。一気に作業を進めました。当初は前述のように700選というタイトルを考えていたのですが、作業を進めるうちにどんどんと数が増え、750選というタイトルになってしまいました。実際には785点の標本を展示していますが、続800選とするわけにも行かず、750選とさせていただきました。

今回はいつになく気合いが入っていました。12年ぶりの出版ということもありますが、年齢的にもこれが最後という思いもあり、丁寧に、きれいに、そして自分のノウハウをすべて出しきろうと思って頑張りました。

ただ当初考えていたのは、標本1点につき、正面、立面、側面、俯瞰、拡大など、複数の写真を載せようということでした。しかし、それは理想であって、現実には無理でした。それをするならば、最低でもB5サイズやA4サイズといった大きな紙面でないと無理でしょう。『800選』や『650選』のスタイルを踏襲するということでは不可能でした。次回、機会が得られればその理想をかなえたいと思います。

そしてとうとう『産地別日本の化石750選』が完成しました。まずまずのできあがりだと思っています。特に化石採集の方法やクリーニングの方法などは、他では見たことがないほど懇切丁寧に解説しました。もうこれ以上言うことなしというほど詳しく解説しました。これでもう仲間に質問されることはないでしょう。

今回もたくさんの化石仲間に手伝っていただきました。僕1人では到底なしえない編集作業です。特に、名古屋市の松橋氏、甲賀市の新保氏、大阪市の守山氏、寝屋川市の葛木氏、川西市の小西氏、長岡京市の曽和氏には標本の提供はもちろんのこと、編集作業、写真撮影などにも協力いただき、感謝に堪えません。

以下に協力していただいた方々を紹介します。
（五十音順）

・相原健児　北海道士別市
主に北海道のアンモナイトを採集。アンモナイトが採りたくて北海道に移住したと言うから半端ではない。

・青木都　岐阜県岐阜市
亡き青木靖雄氏の標本を快くご提供いただいた。

・伊藤重春　三重県菰野町
若いときから化石が大好きという。

・大槻道和　京都府綾部市
化石大好き人間。地域貢献に化石を持ち込んで日夜活躍中。

・葛木啓行　大阪府寝屋川市
化石が大好きなメタボ3兄弟の次男。いちばんのメル友である。

・葛木美佐子　同上
数少ない化石大好き夫人。

・川辺一久　大阪府柏原市
年に数回は北海道に行くという、根っからのアンモナイト好き。

・小西逸雄　兵庫県川西市
自分で化石のホームページをつくっている大の化石好き。採集、クリーニングはピカイチ。

・酒井直仁　愛知県刈谷市
こつこつと地元周辺を探索中。

・新保建志　滋賀県甲賀市
いちばんの化石仲間である。いつも行動を共にし、

幅広い知識を持つ。化石の好みは筆者といちばんよく似ている。
・曽和由雄　京都府長岡京市
ちまたでは「曽和名人」と呼ばれ，採集，クリーニングは群を抜く。
・中戸英昭　神奈川県横浜市
和歌山県の出身だが，現在は横浜に在住し，主に千葉・神奈川の化石を収集している。クリーニングと整理は，とてもていねいだ。
・橋本重四郎　滋賀県大津市
化石大好きレベルは半端ではない。特にビカリアには目がない。
・増田和彦　千葉県千葉市
北海道や東北に千葉から1泊2日で行くという強者。北海道と東北に特に強い。
・松橋義隆　愛知県名古屋市
研究肌で，温厚な性格。若いときは近郊の化石産地を飛び回っていた。脊椎動物が大好きだ。
・守山容正　大阪府大阪市
メタボ3兄弟の3男。北海道が好きで年に数回は訪れているとか。化石の知識は誰よりも豊富。
・柳澤一則　長野県松本市
中部圏で活躍する化石大好きおじさん。

　最後に，今回，急な企画提案にもかかわらず，ご理解いただいた築地書館の土井二郎社長には感謝に堪えません。また，編集部の黒田智美さんには数々のご無理を聞いていただき，ありがとうございました。

2015/1/1
化石採集家　大八木和久

【著者紹介】
大八木 和久（おおやぎ かずひさ）
1950年生まれ。
2014年，中学から始めた化石歴がちょうど50年となる。
還暦を過ぎた今でも，化石採集に全国を飛び回っていて，若い頃と何ら変わらない。気持ちは10代，体力年齢は40代と自称する。
自然が大好きで，動植物等の自然観察，写真撮影や野山を歩くことが大好き。
根っからの旅好きで，歩いたり，自転車に乗ったりの旅が大好きだ。
2013年の夏には，北海道の利尻島と礼文島をキャンプしながらサイクリングを楽しんだ。
夢は自分の博物館を持つことだが，こればっかりは財力が必要になってくるのでなかなか叶わない。本の中に博物館を建てて展示するしかないと苦笑いをする。
自称は化石収集家ではなく，化石採集家である。

参考　生涯の化石採集日数……1,911日
　　　生涯の化石採集箇所……のべ2,573カ所
　　　現在の標本数……8,973点

現住所：滋賀県彦根市安清町2番11号

産地別　日本の化石750選
本でみる化石博物館・別館

2015年1月20日　初版発行

著者　　　大八木和久
発行者　　土井二郎
発行所　　築地書館株式会社
　　　　　東京都中央区築地7-4-4-201　〒104-0045
　　　　　TEL 03-3542-3731　FAX 03-3541-5799
　　　　　http://www.tsukiji-shokan.co.jp/
　　　　　振替 00110-5-19057
印刷・製本　株式会社シナノ
装丁　　　吉野愛

©KAZUHISA OYAGI 2015 Printed in Japan
ISBN978-4-8067-1488-0 C0644

・本書の複写にかかる複製，上映，譲渡，公衆送信（送信可能化を含む）の各権利は築地書館株式会社が管理の委託を受けています。
　JCOPY　〈(社) 出版者著作権管理機構 委託出版物〉
本書の無断複写は著作権法上での例外を除き禁じられています。複写される場合は，そのつど事前に，(社) 出版者著作権管理機構（電話 03-3513-6969，FAX 03-3513-6979，e-mail：info@jcopy.or.jp）の許諾を得てください。